El cerebro en movimiento

José Luis Trejo y Coral Sanfeliu

 CSIC

CATARATA

Colección ¿Qué sabemos de?

CATÁLOGO DE PUBLICACIONES DE LA ADMINISTRACIÓN GENERAL DEL ESTADO:
HTTPS://CPAGE.MPR.GOB.ES

 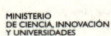 

© José Luis Trejo y Coral Sanfeliu, 2024
© CSIC, 2024
  http://editorial.csic.es
  publ@csic.es
© Los Libros de la Catarata, 2024
  Fuencarral, 70
  28004 Madrid
  Tel. 91 532 20 77
  www.catarata.org

ISBN (CSIC): 978-84-00-11264-6
ISBN ELECTRÓNICO (CSIC): 978-84-00-11265-3
ISBN (CATARATA): 978-84-1352-976-9
ISBN ELECTRÓNICO (CATARATA): 978-84-1352-977-6
NIPO: 155-24-059-3
NIPO ELECTRÓNICO: 155-24-060-6
DEPÓSITO LEGAL: M-8227-2024
THEMA: PDZ/MFGV

Índice

Presentación

Nuestro propósito al escribir este libro ha sido aportar, por un lado, una visión panorámica de los efectos del ejercicio físico para el cerebro desde un punto de vista neurocientífico, atendiendo fundamentalmente a los mecanismos neurobiológicos que sustentan dichos efectos. Explicaremos enseguida qué supone este punto de vista. Por otro lado, hemos intentado aportar visiones o conceptos nuevos o actualmente en boga en el campo de los estilos de vida del ser humano, con el foco puesto, naturalmente, en el cerebro normal y patológico.

La razón para ambos propósitos no es otra que aportar novedad y una visión amplia que se añada a la bibliografía en castellano que se ha publicado sobre el cerebro y el deporte (por ejemplo, Alarcón-López *et al.*, 2018; López Farré *et al.*, 2018). En dichos textos se hace un repaso exhaustivo de los efectos del ejercicio y el deporte para el cerebro humano con el énfasis puesto en sus manifestaciones neuropsicológicas.

Hemos observado que dichos análisis del impacto del ejercicio y el deporte en el cerebro humano sano no prestan atención exclusiva a aquellos mecanismos neurobiológicos esenciales de la actividad física y el ejercicio para el cerebro, y que son independientes de los conceptos culturales y antropológicos del ser humano. Puesto que una y otra aproximación deben complementarse, en el presente libro nos hemos centrado tanto en aquellos aspectos relevantes para el ser humano que no han sido suficientemente tratados en otras obras semejantes, como en aquellos mecanismos neurobiológicos descubiertos hasta la fecha y en los que la neurociencia ha aportado importante conocimiento con base en la investigación básica y clínica. Estos mecanismos no solo son esencialmente idénticos en animales y en seres humanos (lo que permite su estudio en el laboratorio), sino que están libres de los aspectos de la psicología humana que enriquecen, pero complican, el análisis de los efectos del ejercicio, como la cultura, la evolución específica de nuestra especie, la antropología y las modas, por citar solo algunos ejemplos, y que no hemos abordado en profundidad por estar tratados suficientemente en otros trabajos, así como por la deseable brevedad de una obra como la presente.

Prefacio

Hemos elaborado esta edición de *El cerebro en movimiento* a partir del libro *Cerebro y ejercicio*, publicado en 2020 en esta misma colección de ¿Qué sabemos de?, fundamentados en algunos avances recientes en el conocimiento de la fisiología del ejercicio que están haciendo replantearse a nuestro campo de trabajo algunos de los conceptos que habían predominado hasta hace relativamente poco tiempo y que se describen tanto en adiciones en varios de los capítulos originales, como en dos capítulos completamente nuevos (8 y 9).

Por lo que respecta a la obra en su conjunto, los nuevos datos y los nuevos capítulos introducidos nos permiten enriquecer el punto de vista general sobre el lugar que el ejercicio físico ocupa en el estilo de vida del ser humano, especialmente en el momento presente y también de cara a futuras políticas de salud pública.

Queremos agradecer la buena acogida de los lectores al libro *Cerebro y ejercicio*, así como los contactos y comentarios recibidos que nos han impulsado a completar esta revisión. Agradecemos a Ignacio Martínez y a Mercedes Conde-Valverde, de la Universidad de Alcalá de Henares, su revisión y aportaciones del capítulo 9. Nuestro agradecimiento también a

Adrián de la Rosa, de Unidades Tecnológicas de Santander en Colombia, que nos hizo descubrir la importancia de los snacks de ejercicio. Especial mención a Ricardo Chávez ("Pollo" en las redes sociales) de Chile, por sus aportaciones en relación con el entrenamiento físico.

Esperamos que esta edición les guste tanto como a nosotros escribirla.

CAPÍTULO 1

Las bondades del ejercicio físico para el cuerpo y para el cerebro

Concepto de actividad física, ejercicio físico y sedentarismo

En este libro consideraremos la actividad física y el sedentarismo desde el ámbito de estudio del "estilo de vida", por su trascendencia para el funcionamiento del cerebro en general, así como para el estudio de los mecanismos genéticos, epigenéticos, moleculares y celulares que median sus efectos, en particular. Por lo tanto, nos alejaremos de definiciones estrictamente relacionadas con la fisiología del ejercicio a nivel de todo el organismo. Para ceñirnos al rigor científico, distinguiremos ambos ámbitos mediante las siguientes definiciones:

Sedentarismo: estilo de vida caracterizado por una actividad reducida a los mínimos requeridos para la supervivencia diaria (dentro del contexto de la civilización actual y del modo de vida predominante en las últimas décadas en nuestra sociedad). No consideraremos, pues, sedentarismo a todo episodio puntual de la jornada diaria durante el que no se realiza actividad física. Para clarificarlo, digamos que un sujeto que realiza actividades o ejercicio físico puede presentar periodos de tiempo a lo largo de la jornada en los que no realiza movimiento alguno o casi ninguno, y que pueden considerarse, desde un punto de vista fisiológico, periodos sedentarios. Sin embargo, el estilo de vida de dicho sujeto es, según esta definición, activo o con práctica de ejercicio, por tanto, en este libro no consideraremos sedentario a ese sujeto[1].

Actividad física: este concepto hace referencia a cualquier movimiento corporal producido por la contracción del músculo esquelético, y conlleva un gasto energético. Sin embargo, en el contexto del estilo de vida, esto nos aporta poco para reconocer lo que es una vida activa o sedentaria. Por ello, definimos al sujeto físicamente activo.

Sujeto físicamente activo: en el ámbito de investigación del estilo de vida, consideramos a un sujeto como activo físicamente cuando realiza una cantidad mínima de actividad física de manera regular. No obstante, este es un concepto amplio que puede cumplirse bien mediante actividad física no programada o por lo que conocemos por "ejercicio". De acuerdo con la Organización Mundial de la Salud (OMS), un sujeto es físicamente activo cuando realiza en torno a 150 minutos de actividad física a la semana.

Ejercicio físico: aquella actividad física que es sistemática y con una frecuencia más o menos establecida o fija. Es planificada, estructurada, repetitiva y con un propósito (Caspersen *et al.*, 1985).

Deporte: ejercicio físico sujeto a reglas o normas concretas, que puede ser recreativo o de competición.

---

1. Esta definición concuerda con la de la Oficina de Prevención de Enfermedades y Promoción de la Salud del Departamento de Salud y Servicios Humanos de Estados Unidos, entre otras.

Para comprender mejor el punto de vista de la investigación en el ámbito del estilo de vida, es muy útil referirse a los estudios con animales de laboratorio: los sujetos sedentarios son aquellos que viven en un entorno en el que se desplazan exclusivamente para comer, beber y explorar el espacio limitado del que disponen (lo que supone un porcentaje muy reducido del tiempo de cada jornada). Por el contrario, el sujeto activo es el que, además de esos desplazamientos, se emplea en explorar su entorno durante periodos mayores de tiempo que el sedentario (por ejemplo, en una jaula de enriquecimiento ambiental), y el sujeto con ejercicio es el que realiza una actividad física que puede ser regular, pautada y fija durante un régimen de entrenamiento específico (por ejemplo, en una cinta de correr) o incluso cuando esta actividad es voluntaria y por tanto tiene lugar aleatoriamente a lo largo de la jornada, pero acontece de una forma mensurable y frecuente (por ejemplo, en una noria giratoria de libre acceso). Nótese la trascendencia de llevar a cabo esta traslación entre los estudios de animales y humanos, ya que nos permite evitar la influencia de los conceptos de civilización actual o sociedad moderna a la hora de definir sedentarismo y actividad.

En esta obra nos centraremos en la neurobiología del ejercicio, enfocándonos en sus efectos en el cerebro y su funcionamiento. Parte del conocimiento actual en neurobiología del ejercicio procede de estudios en animales de laboratorio. Los circuitos neurales, los procesos genéticos y epigenéticos, así como los mecanismos moleculares implicados aquí son, afortunadamente, parecidos a los de los seres humanos, de ahí la pertinencia de estos estudios en animales. Además, una ventaja añadida es que los animales carecen casi totalmente del componente social y cultural de los estudios con seres humanos, por lo que podemos hablar estrictamente de procesos neurobiológicos en toda su profundidad sin factores potencialmente confusos. Todo esto es muy importante por cuanto, por supuesto, también hay aspectos del ejercicio que no son comparables entre humanos y animales de laboratorio, como por ejemplo categorizar la intensidad del ejercicio (ligero/moderado/vigoroso) en función del múltiplo de la energía gastada en reposo (METS, por *metabolic equivalents of task*). En humanos, correspondería a 0-3 METS la intensidad ligera, 3-6 METS un ejercicio de intensidad moderada y más de 6 METS un ejercicio vigoroso. Sin embargo, los múltiplos de la energía gastada en reposo no son comparables en absoluto entre especies (que un consumo de entre 3 y 6 veces la energía en reposo se considere intensidad moderada en humanos puede no tener ningún sentido para un ratón de laboratorio cuya relación masa muscular/grasa corporal/peso óseo es completamente distinta de la humana). Asimismo, que en ese marco conceptual se haya encontrado necesaria una intensidad moderada-vigorosa para que el ejercicio tenga efectos positivos para ciertos aspectos de la salud humana (OMS, 2010) puede tener poco o nada que ver con las consecuencias neurobiológicas de esa misma intensidad de ejercicio para un ratón que carece del componente social/cultural del ejercicio. Todo ello nos indica que los estudios con animales son necesarios para definir cuáles son los procesos neurobiológicos esenciales asociados con la actividad o el sedentarismo, o el ejercicio físico, y descartando ciertos factores potencialmente confusos, eventualmente asociables con los estudios en seres humanos (como la culturalidad, la subjetividad o la frecuente heterogeneidad de los estudios en humanos…).

Por último, ¿cómo definir lo que es ejercicio extenuante? Una manera habitual es en función de la fatiga. Esta podría tener que ver con la acidosis láctica, pero recientemente esto se ha puesto también en entredicho. En última instancia, la fatiga tiene un alto componente subjetivo en seres humanos, pero puede alertarnos ante un exceso perjudicial de intensidad o duración del ejercicio físico.

Respuesta del organismo al ejercicio físico

El ejercicio físico produce efectos de diversa índole en el cuerpo y en el cerebro. Esto es algo de sobra conocido por todos, casi tanto como la idea complementaria de los dramáticos efectos que para nuestra sociedad moderna está teniendo el sedentarismo. El ejercicio produce en nuestro organismo una reducción del riesgo de enfermedades metabólicas, tanto mediante acciones directas sobre el músculo esquelético como mediante acciones sobre el hígado, el tejido adiposo, la vasculatura y el páncreas (recientemente revisadas, así como sus mecanismos metabólicos subyacentes, en Thyfault y Bergouignan, 2020). Asimismo, produce efectos beneficiosos en las afecciones cardiovasculares (Fiuza-Luces *et al.*, 2018), el envejecimiento (Whitty *et al.*, 2020), la incidencia del cáncer (Holmen Olofsson *et al.*, 2020) y un número de otras enfermedades no metabólicas (Healy *et al.*, 2018).

En el otro extremo, la vida sedentaria genera un incremento de mortalidad por todas sus causas (Katzmarzyk *et al.*, 2009), especialmente enfermedad cardiovascular (Barengo *et al.*, 2004; Hadgraft *et al.*, 2020), enfermedad renal crónica (Volaklis *et al.*, 2020), alteraciones en longevidad y envejecimiento (Rojer *et al.*, 2020), la función cognitiva (Olanrewaju *et al.*, 2020) o la mayor incidencia de demencia (Yan *et al.*, 2020), por citar solo algunos ejemplos relevantes o recientes. No debemos minusvalorar los peligros de la vida sedentaria, ya que el sedentarismo ya era la cuarta causa de muerte en el mundo en 2009 (OMS, 2009) y el 60% de la población mundial no realiza suficiente actividad física (OMS, 2020), lo que resulta especialmente dramático en los adolescentes, en los que dicho índice alcanza el 80% (Guthold *et al.*, 2020).

Sin embargo, es muy llamativo que no haya un consenso definitivo sobre cuánto ejercicio hay que hacer, qué tipo es el mejor en cada caso y cuándo hay que parar. En particular, resulta además triste que no exista suficiente discusión científica acerca de determinados parámetros asociados al ejercicio y que suelen no tomarse en consideración a la hora de prescribirlo. Las actividades física y mental correlacionan directa y positivamente con el cansancio físico y mental, por lo que damos por supuesto que el cansancio subjetivo es inherente a la práctica de ejercicio (Belza, 1994) y, por tanto, algo bueno o, por lo menos, un mal necesario. Lamentablemente, veremos que la conclusión final está lejos de quedar clara.

Antes veremos cuáles son los efectos del ejercicio. Si los efectos del sedentarismo son conocidos (véase anteriormente), quizá no lo son tanto los efectos específicos del ejercicio. La afirmación "el ejercicio es bueno para el cerebro" no nos acerca al conocimiento de cómo hacer ejercicio. El ejercicio físico produce un incremento de la capacidad cognitiva a través del aumento de la plasticidad sináptica y de la formación de neuronas nuevas (en aquellas regiones en las que, de manera natural, se produce neurogénesis durante la vida adulta); aumenta además la complejidad de las dendritas neuronales y el número de sinapsis; también aumenta el flujo sanguíneo en el cerebro, así como el consumo de oxígeno por las células neurales; modula la respuesta del cerebro a las cascadas de señalización de factores de crecimiento; incrementa la funcionalidad y disponibilidad de neurotransmisores clave para el funcionamiento del mismo, y, por último, induce neuroprotección en todas las áreas cerebrales analizadas hasta la fecha. Además, mejora la evolución de determinadas enfermedades neurodegenerativas, a la vez que retrasa su edad de comienzo y la sintomatología. Esto se ha demostrado tanto en animales de laboratorio como en seres humanos.

El ejercicio físico induce una respuesta hormética de adaptación

Aristóteles proponía el *aurea mediocritas* tanto por su virtud en el término medio como por el prudente alejamiento de los extremos, que consideraba "vicios". En el ámbito que nos ocupa, el ejercicio físico produce efectos positivos y negativos, dependiendo de algunos factores entre los que se encuentran, principalmente, la intensidad y la duración del ejercicio, el estado de salud y la forma física previa del individuo, así como su percepción subjetiva de la actividad realizada. Pero, sobre todo, ejerce efectos distintos en función del sistema fisiológico de que se trate.

Así, por ejemplo, la intensidad capaz de producir un cierto beneficio en el cerebro no necesariamente producirá el mismo tipo de efecto en otra parte del organismo, por ejemplo, en el músculo, donde se podría requerir un ejercicio más intenso para obtener beneficio. Concretamente, se ha propuesto que el ejercicio físico ejerce sus múltiples efectos en el cerebro mediante lo que se conoce como curva hormética (Gradari *et al.*, 2016). Esto significa que la respuesta del organismo al ejercicio es bifásica, dual. De este modo, mientras presenta efectos beneficiosos para el cerebro a ciertas intensidades, induce ciertos efectos negativos a mayor intensidad. Se han descrito curvas horméticas de este tipo, en relación con el ejercicio y el cerebro, para la función mitocondrial, para la formación de neuronas nuevas en el hipocampo adulto, para los niveles de neurotransmisores, para los de factores de crecimiento tanto en el líquido cefalorraquídeo como dentro del tejido cerebral, para la arborización dendrítica de las neuronas, para la angiogénesis inducida por actividad, etc.

A partir de cierto punto, a mayor cantidad de ejercicio (se mida como se mida dicho ejercicio, lo que varía de unos trabajos a otros), todos estos beneficios simplemente desaparecen. ¿Dónde se encuentran, pues, los extremos viciosos en dicho rango? Lamentablemente esto es muy difícil de definir, por cuanto los extremos (sedentarismo o ejercicio excesivamente vigoroso) son hasta cierto punto arbitrarios (ya que los investigadores suelen emplear diferentes escalas, en todo caso opinables, para definirlos). Pero antes de aventurarnos a descifrar cuál es el virtuoso punto medio, debemos entender qué supone la hormesis para el ejercicio físico y nuestro organismo.

Miles de millones de años de evolución han sido capaces de generar organismos que cuentan, entre sus numerosas propiedades, con una especialmente útil: la adaptación a las circunstancias en constante cambio. Dicha capacidad la denominamos, en términos generales, plasticidad. La plasticidad del cuerpo y el cerebro se produce de múltiples formas, y es especialmente relevante aquella forma de plasticidad que es capaz de hacer al organismo resistente a un estímulo muy estresante mediante un inesperado medio: la exposición previa al mismo estímulo en dosis bajas, o muy atenuado. De este modo, un estímulo estresante de baja intensidad genera en el cuerpo una serie de respuestas celulares de adaptación, que "entrenan" al organismo para hacer frente a futuras exposiciones al mismo estímulo a una intensidad mayor. Esta peculiar forma de plasticidad y adaptación al estrés presenta una serie de características que veremos a continuación y que son comunes entre diferentes especies, diferentes órganos del cuerpo y diferentes tipos de células, que son independientes del estímulo al que se exponga dicha parte del organismo: llamamos colectivamente a todas esas características *hormesis* o *perfil hormético* de una respuesta.

La hormesis es, pues, la respuesta dual de la conducta de un individuo, de la reacción de un órgano, de la respuesta de una célula o de la fisiología de una enzima a la intensidad gradual de un estímulo o tratamiento específico. El hecho de que nuestro organismo responda con un perfil bifásico a ciertos estímulos se conoce, precisamente, como perfil hormético. La exposición baja al estímulo produce cierto efecto; mucha exposición produce el efecto contrario o ningún efecto.

Los dos perfiles horméticos más conocidos son la U invertida o la J invertida (figura 1). En la U invertida, los efectos positivos se acumulan a medida que incrementamos la intensidad del ejercicio, llegan a un punto máximo y, a continuación, a mayor intensidad empiezan a perderse los efectos positivos hasta alcanzar un punto en el que ya no hay diferencia de respuesta con la situación de partida (punto conocido como *nivel de efecto no observable*, porque ya no se ve efecto comparando con la dosis 0, el sedentarismo, por ejemplo, ni efecto positivo ni negativo; en inglés, *no observed effect level*, NOEL). En la J invertida la situación es todavía peor, por cuanto una vez llegados al NOEL, posteriores incrementos de intensidad del estímulo supondrían efectos negativos netos.

No deja de ser llamativo el hecho de que los primeros pasos del concepto de hormesis se dieron en el ámbito de la farmacología, cuando se describió que ciertos venenos podían tener efectos incluso beneficiosos en dosis suficientemente bajas siempre que pudieran desencadenar los correspondientes mecanismos celulares (sin caer, por tanto, en la homeopatía), así como que todo fármaco, incluso los netamente beneficiosos, cambiaban su respuesta orgánica a dosis suficientemente altas.

Entonces, ¿cómo puede aplicarse un concepto como el de hormesis, que nace a partir de la idea de estrés, al ejercicio? Simplemente, porque el ejercicio es un tipo de estrés. Esta idea no es en absoluto revolucionaria, aunque sí contraintuitiva. Es de sobra conocido que el sedentarismo crónico es negativo para la salud; por el contrario, escuchamos que el ejercicio regular es bueno, por lo que ¿cómo va a representar estrés? El quid de la cuestión reside en la noción de estrés: este se desencadena ante cualquier circunstancia (el estresor) que exige o demanda del organismo una respuesta activa que conlleva cierto gasto y consumo de energía, y que requiere una respuesta fisiológica que, aunque muy liviana, no deja indiferente al organismo. Pero además hay estresores de alta intensidad que demandan del organismo respuestas que están más allá de respuestas livianas y que generan una cascada de consecuencias negativas en nuestro sistema musculoesquelético, respiratorio, cardiovascular, endocrino, gastrointestinal, nervioso y reproductivo (McEwen, 2001; American Psychological Association, 2018).

La razón para que convivamos con estas respuestas es el equilibrio coste-beneficio, que supone subsistir en un entorno cambiante y amenazante. Es mejor un momento de estrés por muy malas consecuencias que pudiera tener si se repitiera a largo plazo, que sucumbir a un predador o a una circunstancia que ponga en juego la vida del sujeto. Por tanto, estrés no es solo aquello que se desencadena ante circunstancias que exigen de nosotros mucho más allá de nuestra capacidad inmediata y que, por tanto, generan consecuencias perjudiciales para nuestro organismo y nuestra conducta, también hay un estrés de baja intensidad para hacerle frente, al que nuestro organismo sí está perfectamente adaptado.

Si nos exponemos paulatina y repetidamente a ese estrés, incrementaremos la adaptación de nuestro organismo a dicho estímulo. Esta adaptación al estrés de baja intensidad es el motor de las respuestas horméticas, y este estrés de baja intensidad es el que genera toda actividad que se sitúe inmediatamente por encima del sedentarismo. En cuanto empezamos a hacer ejercicio, estamos generando ese estrés adaptativo. Queda claro, pues, por qué la hormesis se aplica al ejercicio, pero ¿cuándo la curva de respuesta se vuelve negativa?

Para todos los estímulos cuya respuesta es de perfil hormético, es fundamental conocer cuándo se produce la máxima respuesta positiva (*respuesta hormética máxima*) y hasta dónde es capaz de llegar la respuesta negativa ante una exposición elevada (en el caso de J invertida). Es decir, cuánto de un estímulo es bueno y cuánto de malo puede ser su exceso. Por supuesto que cada estímulo, ya sea un fármaco, un tóxico, un contaminante ambiental, una práctica de ejercicio o cualquier otro, tiene su propia curva o perfil hormético característico que lo define. Lo más importante para lo que ahora nos ocupa es cómo este perfil, con sus características de respuesta hormética máxima, anchura de la curva y NOEL, varía de sujeto a sujeto. Es precisamente en esta variabilidad individual donde reside la base del *aurea mediocritas* aristotélica, porque no existe evidencia científica definitiva acerca de dónde se encuentra este punto de máximo beneficio.

La literatura científica no se ha puesto de acuerdo aún en qué es lo que determina el punto de inflexión de la curva hormética del ejercicio. Distintos autores (véase Gradari *et al.*, 2016, para una revisión de la literatura) han postulado diferentes factores como candidatos a ser los determinantes de ese punto de inflexión de la curva hormética. Según esta idea, una vez traspasado el umbral de hormesis (sea cual sea dicho valor, para el que actualmente no existe consenso en el ámbito científico), se acumularían tanto efectos positivos como negativos e incluso podríamos alcanzar resultados netos negativos de nuestro esfuerzo si incrementamos la intensidad del ejercicio suficientemente (y, por supuesto, no solo en el músculo, sino en todo el organismo incluido el cerebro). Es precisamente este umbral el que nuestro cuerpo va incrementando paulatinamente a medida que nos adaptamos al ejercicio, considerado como un estrés ligero. Es decir, el ejercicio nos hace más resistentes, como adaptación a dicho estrés. El mecanismo es el incremento de dicho umbral, que podría ser distinto según sea el músculo, el sistema cardiovascular o el cerebro. Naturalmente, hay un límite máximo de adaptación. Pasado dicho límite y practicando un ejercicio cuya duración, intensidad o frecuencia puede suponer un estrés excesivo para el sujeto, todo entrenamiento posterior no conseguirá que nuestro cuerpo ofrezca umbrales cada vez mayores.

FIGURA 1

**Modelo de curva hormética en U invertida
de los efectos del ejercicio físico en el cerebro.**

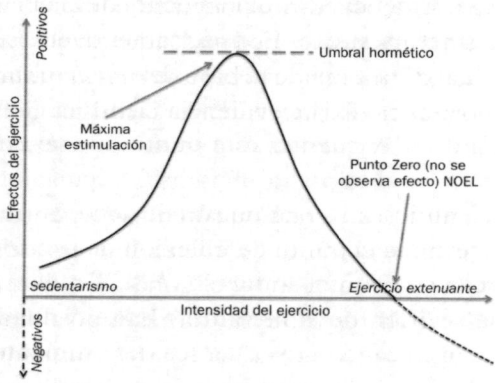

La capacidad cardiorrespiratoria
aumenta con la adaptación al ejercicio

En los deportistas profesionales, el análisis de lactato en sangre para examinar el umbral anaeróbico muscular después de un entrenamiento controlado en esfuerzo y duración forma parte del apoyo científico y tecnológico para mejorar su rendimiento. Otro indicador de rendimiento es el consumo máximo de oxígeno o VO2 máxima, que indica la cantidad máxima de oxígeno procesada por minuto en el organismo durante una prueba de esfuerzo como correr en una cinta mecánica. El VO2 máximo es otra medida del buen estado físico y en concreto de la respuesta cardiorrespiratoria de los atletas. La medida del cambio progresivo de ambos parámetros, lactato y VO2 máximo, permite valorar la evolución del entrenamiento y el límite superior de adaptación que decíamos, sobre el cual ya no se obtiene mejoría.

En el deporte aficionado o en cualquier actividad física recreativa, la aceleración de la respiración y del ritmo cardiaco como respuesta a la mayor demanda muscular de oxígeno es una buena guía del nivel de intensidad del ejercicio. Aún sin medir el VO2 máximo, podemos comprobar que el entrenamiento progresivo permite adaptarnos al ejercicio físico sin sufrir dificultades respiratorias de falta de aire ni excesivo aumento de la frecuencia cardiaca. Con ejercicio regular se fortalece la musculatura esquelética, pero también el corazón, y con ello mejora la circulación sanguínea. Cuando músculos y corazón son más eficientes, también disminuye el esfuerzo al que deben someterse los pulmones para proporcionar oxígeno y eliminar el dióxido de carbono generado en la respiración. La propia valoración del esfuerzo muscular, la respiración y la sensación física de bienestar son indicadores subjetivos de la adecuación de la intensidad del ejercicio, pero la medida de la frecuencia cardiaca es mucho más objetiva y ofrece más información.

Así, un ejercicio físico que genere respuestas beneficiosas en el cuerpo y en el cerebro debe incrementar la frecuencia cardiaca en un porcentaje ligero o moderado. Un incremento ligero suele considerarse entre el 60 y el 70% de la frecuencia máxima de cada individuo, y uno moderado entre el 70 y el 80%. El cálculo de un valor medio aproximado de la frecuencia máxima de latidos por minuto viene dado por restar la edad a 220 en hombres y a 226 en mujeres[2].

---

2. Fundación Española del Corazón, Cálculo y Monitorización de las intensidades, en https://bitly.ws/3eEVb.

Hoy en día existe una amplia gama de dispositivos y aplicaciones para monitorizar el pulso durante la realización de cualquier tipo de entrenamiento. Sin embargo, debemos ser prudentes. Un ejercicio físico excesivamente vigoroso no solo puede no ser beneficioso para el organismo, sino que cuando se alcanza una frecuencia cardiaca cercana a la máxima, puede tener consecuencias graves para el corazón. Antes de iniciar un programa de entrenamiento debemos someternos a una revisión médica y siempre hay que seguir las recomendaciones del médico y de entrenadores profesionales[3].

La conexión entre músculo y cerebro pasa por el sistema cardiovascular y la regulación del metabolismo energético

El sistema cardiovascular supone un factor muy importante en la cadena de transmisión de los beneficios del ejercicio muscular al cerebro. A través de la sangre circulante llegarán al cerebro las miocinas secretadas por el músculo en respuesta al estímulo hormético de estrés del que hablábamos. Pero, además, la sola mejora de la circulación sanguínea y de la oxigenación de los tejidos es suficiente para beneficiar a todo el organismo, incluido el cerebro. Por otra parte, el cerebro envía señales nerviosas al corazón que regulan su actividad de manera involuntaria y es el que dirige voluntariamente el movimiento del cuerpo durante el ejercicio.

---

3. Diversas instituciones relacionadas con la medicina del deporte y la cardiología han elaborado documentos sobre factores de riesgo cardiovascular y recomendaciones pre-práctica deportiva (por ejemplo, la Sociedad Española de Medicina del Deporte, en https://bitly.ws/3eEWm; la Sociedad Española de Cardiología, en https://bitly.ws/3eEWt; la Fundación Española del Corazón, en https://bitly.ws/3eEWG).

Parte de los factores tróficos y otras moléculas secretadas por el cerebro como consecuencia de la actividad física son liberados a la circulación y también alcanzarán los órganos periféricos. Entre los órganos internos que se adaptan funcionalmente a los requerimientos de energía del ejercicio físico merece mención especial el hígado, principal regulador del metabolismo de carbohidratos, de lípidos y del colesterol. También se producen cambios en el tejido adiposo con una movilización de los depósitos de moléculas lipídicas y disminución de la liberación de factores inflamatorios.

Hagamos un inciso para notar que el aumento de consumo energético del ejercicio físico facilitará la quema de los depósitos de grasa, pero para disminuir el sobrepeso y la obesidad debe acompañarse de una dieta equilibrada. La respuesta adaptativa de nuestro organismo al ejercicio físico está modulada por un complejo sistema señalizador que induce una repuesta integrada del cerebro y otros órganos y sistemas de tejidos (Van Praag *et al.*, 2014). Podríamos hablar de un eje músculo-corazón-cerebro y de un eje metabólico. El área conjunta de influencia abarcaría la mayoría de órganos y tejidos (figura 2).

Aunque no se llegue a la práctica deportiva regular, siempre va a ser mejor tener una actividad física ligera que el sedentarismo más absoluto. El estilo de vida sedentario aumenta el riesgo de padecer problemas de salud ósea, muscular, cardiovascular, metabólica y mental. Debilitamiento físico, cansancio y estrés son habituales entre la población sedentaria. La obesidad, las dislipemias, como el temido aumento de colesterol que facilita el desarrollo de la arterosclerosis, la hiperglicemia y la tensión elevada están aumentando en la población actual con ocupaciones profesionales y aficiones en gran parte tecnificadas y sedentarias (Arocha Rodulfo, 2019).

Sin duda, hay una interacción entre el estado de salud de cuerpo y cerebro y el ejercicio físico incide a múltiples niveles. No se trata solo de adquirir el hábito de estar activos para disminuir el riesgo de enfermedades y la fragilidad física y mental en la vejez, sino de mejorar la calidad de vida ya desde la infancia.

Tipos de ejercicio físico para ponerse en forma

El ejercicio físico se considera necesario para mejorar la aptitud física, y con ello la salud y el bienestar. Si deseamos ponernos en forma física y mentalmente, inmediatamente asumimos que debemos practicar una actividad deportiva de forma regular. Ello es correcto. Sin embargo, en nuestra vida diaria tenemos posibilidades añadidas de ejercitarnos físicamente. En sentido amplio y considerado como sinónimo de actividad física, el ejercicio incluye un amplio espectro de actividades: trabajos domésticos y de jardinería, desplazamientos al trabajo andando o en bicicleta, actividad física en el trabajo, subir escaleras, actividades recreativas de senderismo y baile y, finalmente, actividades deportivas. A lo largo del día, todas las actividades causan efecto en el organismo siempre que se trate de actividades continuadas de una duración mínima. Esta duración mínima depende de la intensidad, pero se sitúa alrededor de los 10 minutos como recomienda la OMS (2010). Así por ejemplo, en el Cuestionario Internacional de Actividad Física (IPAQ, por sus siglas en inglés), que proporciona una estimación subjetiva como alternativa aproximada a llevar un acelerómetro, se valoran las actividades que suponen un esfuerzo cardiorrespiratorio leve y que se hayan realizado durante al menos 10 minutos.

Debemos considerar también los distintos sistemas energéticos utilizados por las células musculares según sea el tipo de ejercicio a llevar a cabo en intensidad y duración. En el ejercicio aeróbico se realiza un mayor consumo de oxígeno de la respiración que el habitual en reposo, y el oxígeno permite obtener energía a partir de la oxidación de hidratos de carbono y grasas (sistema oxidativo). En el ejercicio anaeróbico, se obtiene la energía muscular por procesos de fermentación, principalmente de glucosa en ácido láctico (sistema glicolítico). Siempre hay algo de mezcla de los dos tipos, aunque el aeróbico predominaría en la mayoría de actividades comunes no intensas, mientras el anaeróbico predominaría en situaciones de esfuerzo muscular intenso. Una tercera fuente de energía es la metabolización explosiva de la energía acumulada en compuestos de tipo fosfatos de alta energía cuando se requiere un esfuerzo máximo de muy corta duración (sistema de fosfágeno). El metabolismo de fosfágenos es la base de las disciplinas de intervalos de alta intensidad (conocido también como HIIT, por sus siglas en inglés), que requieren de un entrenamiento especializado.

Los beneficios del entrenamiento de intervalos de alta intensidad son todavía poco conocidos, aunque podrían ser significativos a nivel metabólico y de funcionalidad cerebral (Calverley *et al.*, 2020). Hasta el momento, se considera que las actividades predominantemente aeróbicas son las que desencadenan una mejor respuesta en el organismo en cuanto a mejora de la salud cardiorrespiratoria, metabólica y también de la funcionalidad cerebral (Tarumi y Zhang, 2018). Las actividades de tipo predominantemente anaeróbico se dirigen principalmente a reforzar el sistema muscular. Los ejercicios exclusivamente enfocados a entrenar fuerza y resistencia muscular tienen menor efecto en la salud en general, aunque también pueden inducir beneficios cognitivos (Chupel *et al.*, 2017). Sin embargo, el entrenamiento muscular es una parte esencial en cualquier actividad física o deportiva. Además, las actividades de fortalecimiento muscular son importantes para evitar debilitamiento y sarcopenia con la edad avanzada. Los ejercicios gimnásticos para la tonificación musculoesquelética tienen repercusión en la movilidad y el equilibrio, y con ello facilitan el bienestar físico y mental.

Las guías de actividad física para los ciudadanos, que publican diversos organismos sanitarios, dan una pauta de la cantidad e intensidad de ejercicio físico recomendable a cada edad. Por ejemplo, la *Physical Activity Guidelines for Americans* (Piercy *et al.*, 2018) recomienda para la edad adulta realizar al menos de 150 a 300 minutos de ejercicio aeróbico de intensidad moderada o de 75 a 150 minutos de intensidad vigorosa a la semana, combinado con dos o más días de trabajo de fuerza muscular. A edades avanzadas deben realizarse además entrenamientos de equilibrio. Las mujeres embarazadas y en periodo postparto deben hacer al menos 150 minutos de ejercicio aeróbico de intensidad moderada a la semana. En el caso de niños y adolescentes (entre 6 y 17 años), la guía recomienda una carga mayor de actividad física con al menos 60 minutos de ejercicio aeróbico diario de intensidad moderada-vigorosa. Los niños más pequeños (entre 3 y 5 años) deben estar físicamente activos a lo largo de todo el día para asegurar su desarrollo. También en personas con discapacidades o enfermedades crónicas se recomienda seguir en lo posible las recomendaciones de entrenamiento físico de cada edad.

CAPÍTULO 2

Hormesis y neurobiología del ejercicio

En este capítulo profundizaremos en los mecanismos de la acción hormética (bifásica) del ejercicio, mediante la exposición de las evidencias científicas que nos deja la neurociencia. Dichas evidencias resultan muy dispares en la manera de categorizar la intensidad del ejercicio (ligero, moderado, vigoroso o extenuante), así que aquí se tratará la intensidad en función de cómo se califique en cada publicación. Como ya se ha dicho, el sedentarismo tiene efectos perjudiciales. El comienzo de cualquier actividad ya presenta efectos beneficiosos, y dichos efectos se incrementan a medida que se hace más ejercicio tanto en tiempo como en intensidad. Pero hay un techo, que hemos identificado como el punto de inflexión de la curva hormética, a partir del cual los incrementos en intensidad o en cantidad de ejercicio producen una reducción de los beneficios, que puede incluso llegar a anular todos los beneficios hasta el punto de no presentar diferencias respecto a la falta de actividad (como una U invertida) o incluso producir efectos adversos (como una J invertida).

En primer lugar, los experimentos con animales demuestran los efectos horméticos (duales, bifásicos) del ejercicio:

efectos positivos y negativos. Los positivos sobre memoria aparecen en tareas específicamente diseñadas para analizar la capacidad cognitiva de roedores de laboratorio, como el laberinto acuático, la evitación pasiva, el condicionamiento al contexto, etc. Por el contrario, el ejercicio extenuante produce efectos negativos sobre dicha memoria, de una manera específica en aquellas regiones cerebrales que participan más activamente en dichas tareas (se ha descrito como afectada la amígdala-estriado dorsal, mientras que el hipocampo no parecía afectarse), y de una manera específica en función de la tarea conductual que se examinaba en los animales (siendo las tareas de aprendizaje asociativo las más sensibles, mientras que la memoria de trabajo parecía no afectarse del mismo modo). También parecen ser más sensibles a los efectos perjudiciales para la memoria del ejercicio extenuante las primeras etapas del aprendizaje, cuando la adquisición de la información está comenzando a consolidarse. Y por supuesto, también hay cierta variabilidad individual, ya que hay sujetos más sensibles que otros al ejercicio muy intenso.

Lo significativo de este panorama es que, por un lado, además de los efectos perjudiciales para la memoria del ejercicio extenuante, existen pocos estudios que hayan descrito efectos beneficiosos directos del ejercicio de alta intensidad y, además, se trata de estudios en los que los mecanismos moleculares que median los efectos beneficiosos del ejercicio solo se producían sorprendentemente a alta intensidad. No es desdeñable, asimismo, recordar que todo este conjunto de datos se ha confirmado también en seres humanos (Tomporowski *et al.*, 1987; Lo Bue-Estes *et al.*, 2008; Whyte *et al.*, 2015; Smith *et al.*, 2016).

Finalmente, algunos estudios han analizado específicamente todo el rango completo de los diferentes niveles de intensidad de ejercicio que producen efectos horméticos (beneficios a intensidad moderada, ausencia de beneficios a intensidades altas). Para comprender en profundidad este proceso debemos mencionar qué mecanismos explican este comportamiento.

Respuesta al estrés

El primero de estos mecanismos es la respuesta al estrés. Está mediada en el cerebro por los receptores de los glucocorticoides que responden al cortisol (en seres humanos) o a la corticosterona (en roedores de laboratorio). Lo importante aquí es comprender que existen dos tipos de receptores de cortisol-corticosterona: los receptores mineralocorticoides, que responden a concentraciones bajas de corticosterona y que median efectos beneficiosos, permisivos y que se asocian con acciones metabólicas básicas de mantenimiento de la vida, y los receptores glucocorticoides, que responden a concentraciones altas de corticosterona (las que se producen por las glándulas adrenales ante situaciones de estrés elevado o crónico) y que se asocian con actividades metabólicas extremas, que si bien son necesarias en situaciones límite (reacciones de ataque o huida), tienen efectos deletéreos a largo plazo.

Dicha dicotomía es muy importante porque está directamente detrás del efecto hormético del ejercicio, que es un tipo de estrés (y sobre lo que profundizaremos en el siguiente capítulo). Los efectos beneficiosos se producen principalmente en situaciones de ejercicio moderado, porque es un estrés leve que da respuestas de adaptación positivas. Ello está mediado por la corticosterona en concentraciones bajas, ya que se une a los receptores mineralocorticoides y desempeña acciones metabólicas permisivas con un gasto energético moderado, así como acciones protectoras en el cerebro. Estas acciones protectoras tienen lugar a nivel celular contra el estrés oxidativo y a nivel de tejido aumentando la neurogénesis. Por el contrario, los efectos perjudiciales se producen en situaciones de ejercicio de alta intensidad, estrés agudo o crónico alto, que produce respuestas de supervivencia, pero mediadas por corticosterona en concentraciones altas, uniéndose a los receptores glucocorticoides y ejerciendo acciones nocivas, como el estrés oxidativo, que están más allá de la capacidad del cerebro para minimizar su impacto.

Neurogénesis hipocampal adulta

Asociado a este mecanismo existe otro proceso que puede actuar como mediador del comportamiento hormético del ejercicio: la neurogénesis del hipocampo adulto. A este respecto, en un extremo de la escala aparecen las situaciones en las que el organismo presenta bajos niveles de actividad física o cognitiva, como en un medio socialmente empobrecido o un estilo de vida sedentario. Aquí los niveles de neurogénesis adulta son muy bajos, debido a unos bajos niveles de glucocorticoides en sangre. A continuación aparecería todo el rango de situaciones en las que el individuo vive entornos con diferentes niveles de actividad. En estas condiciones se incrementan los niveles de neurogénesis adulta; es decir, cuanta mayor actividad, más neurogénesis. Al llegar al punto de inflexión hormético, la relación se invierte, hasta que en el otro extremo de la escala se sitúan las situaciones en las que el organismo presenta niveles de actividad física extenuante, el estrés se vuelve intenso, los niveles de glucocorticoides en sangre suben hasta que se activan los receptores glucocorticoides y la neurogénesis se reduce. La reducción tiene lugar no solo por la disminución de la proliferación de las células madre neurales, sino también porque se ve afectada la maduración de las neuronas en diferenciación.

Es muy importante resaltar que este perfil hormético en U invertida de los efectos del ejercicio sobre nuestro cerebro no es una mera característica particular de los glucocorticoides. Se ha demostrado que es igual como resultado de la acción de innumerables compuestos exógenos o endógenos. Así, por ejemplo, se ha observado la misma respuesta dual (bifásica) a bajos y altos niveles de concentración de tóxicos (algunos fitotóxicos o contaminantes ambientales), así como de la oxitocina, de la alopregnenolona, de las estatinas, del antidepresivo fluoxetina, del factor de crecimiento endotelial vascular (VEGF) y del factor de crecimiento transformante (TGF-beta). También hay que mencionar el efecto bifásico de la ingesta calórica, en este caso mediado por la grelina y el factor de transcripción Egr1. Todos estos factores, procesos y moléculas tienen un efecto proneurogénico a baja concentración y el efecto se pierde a altas concentraciones (Gradari *et al.*, 2016).

Todas estas evidencias son muy claras incluso cuando son indirectas: hemos indicado que la neurociencia sabe que las respuestas de nuestra capacidad de aprendizaje y nuestro estado de ánimo tras el ejercicio son bifásicas. Que las respuestas de la neurogénesis a diferentes factores son también bifásicas, y que el ejercicio media muchas de sus acciones a través de la neurogénesis. Parece que está clara la relación. Pero en ciencia necesitamos evidencias directas para confirmar una hipótesis; por tanto, la pregunta es: ¿existen evidencias directas de que el nivel de ejercicio, a través de los diferentes niveles de neurogénesis, influye en nuestro nivel intelectual o nuestra capacidad de aprendizaje y memoria? La respuesta es afirmativa.

En la última década, varios estudios han analizado la evolución de la tasa de neurogénesis y de la capacidad de memoria espacial en roedores, en respuesta a diferentes niveles de intensidad de ejercicio físico. Sus resultados son claros (Inoue *et al.*, 2015; Okamoto *et al.*, 2015; Nokia *et al.*, 2016): la neurogénesis más baja y los niveles de memoria más bajos se producían en los animales sedentarios que tenían menos neurogénesis; el siguiente grupo de animales practicaba ejercicio a niveles subumbral de lactato, con concentraciones moderadas de hormona adrenocorticotrópica (ACTH) y corticosterona en sangre, mejorando su cognición y con una neurogénesis incrementada. El tercer grupo de animales, en condiciones de ejercicio supraumbral de lactato, presentaba niveles altos de ACTH y corticosterona en sangre, peor ejecución que los anteriores en tareas de memorización y menores niveles de neurogénesis, equiparándose en ambos grupos de parámetros a los animales sedentarios. Dos caras de la misma moneda: la práctica de ejercicio más eficaz, desde el punto de vista de la memoria y la cognición para nuestro cerebro, se da en aquellas situaciones de ejercicio que no alcanzan el umbral de hormesis. La otra cara de la moneda es que practicar un ejercicio extenuante produce poco o ningún beneficio, al mismo nivel que el sedentarismo.

Se ha especulado acerca de cuál podría ser el sentido biológico de que no sea beneficioso tener un número permanentemente elevado de nuevas neuronas en el hipocampo. Una hipótesis plausible se explicará en el siguiente capítulo. Por el momento, nos conformaremos ahora con mencionar que los mecanismos moleculares que pueden mediar estos perfiles de respuesta son el factor de crecimiento similar a la insulina (IGF1) y las moléculas transportadoras de IGF1 en el tejido cerebral, conocidas como proteínas de unión al IGF1.

CAPÍTULO 3

Neurobiología del ejercicio: nivel molecular y subcelular

Del cerebro al ejercicio. Motivación, historia personal, *marketing*

La motivación es fundamental a la hora de practicar deporte, y especialmente relevante si el deporte es, además, competición. Este factor conductual que incide sobre la práctica de ejercicio físico no es baladí, porque está detrás de un buen número de consideraciones de gran importancia a la hora de diseñar protocolos de ejercicio, regímenes de práctica deportiva e incluso experimentos de neurociencia traslacional destinados al descubrimiento de farmacomiméticos del ejercicio. En todos los casos, el enemigo a batir es el sedentarismo. Pero si la motivación para desterrar el sedentarismo no supone un problema para el sujeto, otro peligro puede aparecer en el horizonte: la moda. No cabe duda de que practicar ejercicio es, además de una recomendación médica y una obviedad en cuestiones de salud, una moda con claros intereses económicos. Esto no es malo en sentido estricto, siempre que se tengan en cuenta las verdaderas razones para hacer ejercicio: que es positivo para la salud física y mental. La consecuencia de lo mencionado hasta aquí es clara: la moda de hacer ejercicio y practicar deporte supera cualquier reto motivacional. Y la consecuencia de ello no es menos obvia: se practica deporte no ya solo en función de sus beneficios para la salud del cuerpo y para la salud mental, sino también porque está socialmente bien considerado y porque es divertido. Estos dos poderosos factores determinan que la motivación específica no sea ya necesaria, y ello conlleva que se puedan sobrepasar los umbrales a partir de los que no es aconsejable forzar el cuerpo (ni el cerebro). Además, esto cobra especial importancia en función de la historia personal de cada sujeto, que condiciona el perfil de capacidad aeróbica-anaeróbica y por lo tanto determina cuánto ejercicio es el adecuado para el inmediato futuro en cada caso (capítulo 1).

La razón de todo ello es que el ejercicio es, en sí mismo, un estrés, como ya se ha comentado, que acaba siendo muy saludable por la adaptación que acaba generando (como se explica en el capítulo anterior), pero no deja de ser un estrés. Ello significa que si se superan ciertos umbrales, el ejercicio puede tener efectos perjudiciales. Este aspecto de la relación cerebro-ejercicio es tan importante que necesita una profunda explicación. Para ello, tenemos que estudiar los efectos de la relación cerebro-ejercicio en el otro sentido: cómo el ejercicio, una vez se tiene la motivación para hacerlo, afecta al cerebro.

Del ejercicio al cerebro: efectos físicos directos del ejercicio sobre el cerebro. Nivel molecular y subcelular

Existe abundante y sólida evidencia científica de que al empezar a hacer ejercicio (lo que se conoce como ejercicio agudo) y con efecto acumulativo en el ejercicio de larga duración, son detectables una serie de consecuencias, todas dirigidas al aumento de plasticidad neural.

La plasticidad neural es el mecanismo por el que el cerebro cambia en respuesta a los cambios tanto del medioambiente como de nuestro medio interno (hormonas, nutrientes u otras moléculas señalizadoras), y se adapta a dichos cambios ajustando sus capacidades en función de las diferentes situaciones. De este modo, según la demanda de procesamiento de información, el cerebro cambia la eficiencia sináptica de las neuronas, su arborización dendrítica, el número de espinas dendríticas, el número de sinapsis y la actividad metabólica intracelular, entre otras muchas variables. Y todo tiene lugar en aquellas células que ya existen en el cerebro. Además, la plasticidad neural también consiste en que pueden generarse nuevas neuronas (en aquellas regiones cerebrales donde esto tiene lugar, que son fundamentalmente el hipocampo y los ventrículos laterales del cerebro), con lo que se multiplica exponencialmente la capacidad de ajuste del cerebro para adaptarse a los cambios del entorno. Como ya se ha dicho, dicha plasticidad viene inducida o mediada por factores que se modifican como consecuencia directa del ejercicio y que se exponen a continuación.

Liberación de neurotrofinas

Las neurotrofinas son péptidos de potentes efectos tanto en el cerebro en particular como en el organismo en general. Se trata de factores de crecimiento o, más concretamente, de factores neurotróficos, y los relacionados con el ejercicio son fundamentalmente tres: el factor de crecimiento similar a la insulina (IGF1), el factor neurotrófico derivado del cerebro (BDNF) y el factor de crecimiento endotelial vascular (VEGF).

El caso paradigmático es el del IGF1. Se produce, fundamentalmente, en hígado y músculo, y su producción aumenta considerablemente a consecuencia del ejercicio. De esta manera, aumenta su concentración en sangre circulante para acabar atravesando la barrera hematoencefálica y entrando en el cerebro. Todas las células neurales (especialmente neuronas y astrocitos, necesarios para que las sinapsis funcionen y sustrato celular de nuestras funciones cerebrales) tienen receptores para el IGF1 y, por lo tanto, son el objetivo directo de este, que induce una cascada de acciones que colectivamente hemos descrito como plasticidad neural. Especialmente relevante es la función del IGF1 circulante en sangre cuando su entrada en el cerebro es promovida específicamente por la práctica de ejercicio físico. Ello incrementa la proliferación de las células madre hipocampales adultas, así como la supervivencia de las neuronas recién nacidas inmaduras, en proceso de diferenciación-maduración. Ambos procesos significan el aumento del número de neuronas nuevas en el hipocampo adulto, participando en las funciones cognitivas mediadas por hipocampo que nos permiten realizar nada menos que el aprendizaje y la memoria de manera más eficaz. BDNF y VEGF participan en el proceso de un modo muy parecido, a través de receptores específicos que están en todas las células neurales, del mismo modo que hemos descrito para el IGF1.

Algunos detalles relativos a estos factores de crecimiento son especialmente interesantes en el contexto de nuestra comprensión de aspectos cruciales del efecto del ejercicio sobre el cerebro. Así, por ejemplo, tanto IGF1 como VEGF se han descrito como mediadores de los poderosos efectos beneficiosos del ejercicio físico sobre la plasticidad neural ya descrita, pero mayoritariamente cuando el ejercicio es crónico, siendo mínimos sus efectos (y, por tanto, sus efectos beneficiosos) en el ejercicio agudo. La enseñanza es clara: solo el ejercicio crónico, realizado de manera regular a largo plazo, es capaz de inducir al máximo sus beneficios. En cuanto al BDNF, solo es capaz de ejercer su máximo beneficio cuando el ejercicio es moderado, porque en situaciones de ejercicio extenuante, con implicación de estrés y aumento de glucocorticoides en sangre, el BDNF no aumenta sus niveles en el cerebro.

Cambios en los niveles cerebrales de neurotransmisores

Los neurotransmisores son los mensajeros entre las células neurales y su acción codifica la información que circula en nuestro cerebro, constituyéndose en actores principales de nuestro pensamiento y nuestras funciones cerebrales. El ejercicio físico incrementa los niveles de dopamina en varias regiones cerebrales (hipocampo, corteza prefrontal, estriado y mesencéfalo), contribuyendo al aumento de las capacidades cognitivas y, gracias a su acción en dichas regiones, aparece la sensación de recompensa asociada al ejercicio. Curiosamente, parece existir una cantidad de ejercicio por debajo de la cual no se observan efectos dopaminérgicos de la actividad física en el cerebro. También suben los niveles de serotonina en corteza frontal, hipocampo, estriado y mesencéfalo (y, en este caso, también en sangre), y también en este caso parece existir un nivel mínimo de ejercicio para que aparezcan los efectos serotoninérgicos, similar al caso de la dopamina. Sin embargo, una vez activadas las neuronas serotoninérgicas en el cerebro a consecuencia del ejercicio, solo la actividad moderada es capaz de mantener sus efectos, ya que en cuanto se supera dicho nivel y se practica ejercicio extenuante, las neuronas que se activan son las que median los efectos del estrés (neuronas que expresan el factor de liberación de la corticotropina en el núcleo paraventricular del hipotálamo), anulándose los efectos beneficiosos.

Si comparamos los efectos de la serotonina con los de la dopamina, y considerando sus bien descritas acciones en el cerebro, podemos comprender la hipótesis de la fatiga central que establece que los niveles altos de dopamina y bajos de serotonina contribuyen a los estados cerebrales activados y generan sensaciones de recompensa por ejercicio, mientras que los niveles bajos de dopamina y altos de serotonina se asocian a la sensación de fatiga y a una baja actividad cerebral. Como vemos, variaciones sutiles en los niveles de ejercicio determinan, a través de la liberación de distintos neurotransmisores en el cerebro, cómo nos sentimos a consecuencia de la actividad y cómo nuestro cerebro empieza a funcionar en uno u otro estado.

Aun siendo estos los principales neurotransmisores implicados en los efectos del ejercicio, se tienen evidencias de cambios relevantes en los niveles de al menos otros tres grupos de neurotransmisores como consecuencia de la actividad física: adrenalina/noradrenalina, acetilcolina y glutamato/GABA. La noradrenalina incrementa sus niveles por ejercicio en corteza prefrontal, estriado y área preóptica, y los disminuye en hipocampo, mientras que tanto la adrenalina como la noradrenalina incrementan sustancialmente sus niveles en sangre. Sin embargo, se sabe que estos neurotransmisores no cruzan la barrera hematoencefálica, por lo que, en conjunto, no se conoce su papel exacto en el cerebro como consecuencia del ejercicio. Se consideran mediadores de los procesos energéticos necesarios para el sostenimiento de la actividad durante el ejercicio.

Por su parte, la acetilcolina incrementa sus niveles en corteza e hipocampo por acción del ejercicio físico, y se sabe que participa en la determinación del ritmo theta en hipocampo, del que se hablará más adelante. Esto significa que los niveles de acetilcolina modificados por ejercicio cambian directamente el funcionamiento del hipocampo, la región que participa tan determinantemente en aprendizaje y memoria.

Por último, el glutamato y el GABA son los principales neurotransmisores neurales, participando en términos generales en la excitación y la inhibición neuronal. Tal dicotomía tiene sentido si consideramos que las funciones cerebrales dependen tanto de que ciertas conexiones neurales se activen como de que se inhiban otras. De esta forma funciona el cerebro en todas las especies, por lo que es necesario un adecuado equilibrio de excitación e inhibición en cada momento dependiendo de la región cerebral de que se trate. Pues bien, el ejercicio físico incrementa tanto los niveles de glutamato (incluso su síntesis en las mitocondrias de las células neurales) como de GABA. Del mismo modo que para otros neurotransmisores, aún no se comprende bien el papel específico de estos dos neurotransmisores en los efectos del ejercicio físico.

Opioides endógenos y endocannabinoides

El ejercicio físico tiene efectos antidepresivos y ansiolíticos; por lo tanto, no es de extrañar que modifique los sistemas implicados en la modulación cerebral de dichos aspectos. Ciertamente, una de las mayores sorpresas que nos ha deparado la investigación neurobiológica reciente acerca del ejercicio físico es la participación de los opioides endógenos y los endocannabinoides en la modulación del estado de ánimo asociado al ejercicio (Watkins, 2018). Ambos son conocidos como neuromoduladores, precisamente porque participan, entre otras funciones, en la determinación del estado de ánimo del sujeto. Los opioides endógenos (beta-endorfinas, encefalinas y dinorfinas) median efectos placenteros en la percepción interna del sujeto cuando sus niveles se incrementan y, efectivamente, la práctica del ejercicio físico incrementa sus niveles. Es importante mencionar aquí que existen evidencias controvertidas acerca de su papel.

Mientras algunas evidencias apoyarían la idea de que el estado de ánimo tras el ejercicio experimenta euforia (el famoso subidón del corredor) mediado por opioides endógenos, ya que desaparece al bloquear sus receptores, otras apuntan que estos receptores no tienen participación. Estas discrepancias, normales y positivas en ciencia puesto que ayudan a comprender mejor cómo llevar a cabo experimentos más precisos que definitivamente demuestren el funcionamiento de nuestro cerebro, no son baladíes en este caso, puesto que minan nuestra comprensión de si la euforia tras un ejercicio intenso es una consecuencia natural de dicho ejercicio o, de lo contrario, es una respuesta defensiva del cerebro ante el impacto del estrés del ejercicio (como hemos indicado con anterioridad). Muy distinto es el panorama con los endocannabinoides. Incluso cuando su efecto es similar al de los opioides endógenos (reducen la ansiedad, reducen la percepción del dolor y mejoran el estado de ánimo en general) (Fuss y Gass, 2010), su efecto sí que se ha bloqueado claramente en experimentos con agonistas inversos o bloqueantes de sus receptores. En este caso, parece que las evidencias indican claramente su participación en los efectos ansiolíticos y antidepresivos del ejercicio.

Consumo de oxígeno, mitocondrias, ROS y antioxidantes

La vida animal sobre la Tierra está fundamentalmente basada en el consumo de oxígeno, que básicamente sirve el propósito de mantener activos los procesos metabólicos que sustentan nuestra vida. A nadie se le escapa que es una apuesta que define nuestra existencia, ya que aquello que nos hace estar vivos nos condiciona, determina nuestro envejecimiento y potencial deterioro y, finalmente, nuestra muerte. No en vano, a mayor actividad física, mayor gasto y, por lo tanto, mayor consumo de oxígeno. Esto podría sugerir que la actividad física intensa o extenuante incrementa nuestras posibilidades de un envejecimiento acelerado y podría condicionar nuestra fecha de caducidad. Ciertamente, este mayor consumo de oxígeno induce parte del estrés que hemos definido como una de las características del ejercicio físico. La razón de que esto sea así es porque el mayor consumo de oxígeno conduce indefectiblemente a lo que conocemos como estrés oxidativo, consecuencia inevitable del metabolismo mitocondrial (que nos mantiene vivos y soporta el incremento de nuestra actividad física) y que induce mutaciones en nuestro ADN, entre otras consecuencias. Sin embargo, estos procesos son ligeramente distintos en el cerebro que en los órganos periféricos y el sistema cardiovascular. Veamos cómo.

El ejercicio induce en todo el organismo un aumento de la concentración de especies reactivas de oxígeno (ROS, por sus siglas en inglés), que median los efectos perjudiciales que acabamos de mencionar. Es la consecuencia de que seamos seres vivos consumidores de oxígeno. Sin embargo, en el cerebro, además de ROS, el ejercicio físico aumenta la actividad de las enzimas antioxidantes e incrementa la señalización redox, lo que contrarresta los efectos negativos de las ROS. Esto determina que los efectos netos del ejercicio dependan directamente del balance entre ROS y mecanismos antioxidantes, ambos inducidos por el ejercicio, y que este delicado equilibrio que aún no comprendemos del todo sea uno de los sustratos moleculares de la hormesis.

La curva hormética en forma de U invertida de los efectos del ejercicio depende, pues, de que el ejercicio de alta intensidad o larga duración incremente los altos niveles de ROS que causan daño oxidativo mientras los niveles moderados de ejercicio, en los que los efectos de las ROS están tamponados por la maquinaria antioxidante, produce una respuesta adaptativa al reto oxidativo, que es beneficiosa para nuestra supervivencia. No está exento de relevancia el hecho de que el ejercicio que excede el umbral de hormesis produce disfunción mitocondrial, además de que se pierden los efectos beneficiosos de IGF1 y BDNF, incrementa la actividad del núcleo paraventricular hipotalámico con la consiguiente subida en los niveles de expresión de CRH u hormona liberadora de corticotropina, todo ello se concreta en una activación de la respuesta de estrés. En lugar de experimentar una beneficiosa respuesta adaptativa al reto oxidativo, lo que tendremos será una respuesta negativa de estrés a largo plazo.

Otros señalizadores moleculares

Como hemos visto, el ejercicio físico moviliza una gran cantidad de señalizadores moleculares en el cerebro, lo cual nos da idea de la importancia de sus múltiples mecanismos efectores. En los últimos años se ha demostrado que el ejercicio también activa las vías de estrés celular que se han descrito tras tratamiento experimental de ayuno controlado o restricción calórica. La razón es que, en ambos casos, el organismo se prepara para sobrellevar un esfuerzo, con la consecuencia beneficiosa de que el ajuste metabólico y celular correspondiente va a tener efectos neuroprotectores. Entre estos señalizadores de respuesta al estrés podemos destacar la sirtuina 1 (SIRT1), que mejora el estado funcional de las neuronas tras el ejercicio físico.

¿Cómo influyen los cambios descritos hasta ahora en el funcionamiento de las células y los circuitos neurales? ¿Cómo esos cambios funcionales de las células y los circuitos cambian la función cerebral en su conjunto y, por ende, la conducta del sujeto? En el siguiente capítulo nos centraremos en el hipocampo, por tratarse de la región más estudiada en su respuesta al ejercicio, en cuanto principal sustrato del aprendizaje y la memoria.

CAPÍTULO 4

Neurobiología del ejercicio: nivel celular y circuitos. Función cerebral y conducta

Efectos de los cambios directos a nivel celular y de tejido

El hipocampo, y más concretamente el giro dentado, es una de las tres regiones en las que existe formación de nuevas neuronas en el individuo adulto. Las otras dos regiones comprenden la zona subventricular de los ventrículos laterales del cerebro y los bulbos olfativos. Aun cuando la función compleja del hipocampo dista mucho de limitarse a la neurogénesis adulta, nos enfocaremos aquí en este aspecto por su poderosa implicación con el ejercicio físico.

La formación de nuevas neuronas en el cerebro adulto es una cuestión de suma importancia. De hecho, durante casi un siglo se ha pensado que no existía, ya que, tal como Ramón y Cajal mostró, después del desarrollo ya no se forman nuevas neuronas. Ramón y Cajal llegó al límite de lo que se podía averiguar con las técnicas disponibles en su tiempo; sin embargo, con las herramientas que se han desarrollado en los últimos 50 años hemos aprendido que sí existe formación de nuevas neuronas en el adulto, si bien en un reducido número de regiones del cerebro, como hemos mencionado.

Este fenómeno, conocido como neurogénesis adulta, es muy relevante por dos razones: la primera, porque en los modelos animales de estudio se ha demostrado su participación en tareas muy importantes, y en lo que se refiere al hipocampo, participa tanto en el aprendizaje y la memoria, como en determinar nuestro estado de ánimo, en la depresión, y en diversos estadios de enfermedades neurodegenerativas como el Alzheimer. La segunda es relevante porque sabemos que el ser humano también tiene neurogénesis hipocampal adulta, y después de un interesante debate científico en la última década en la que se acumulaban evidencias discrepantes acerca de su existencia o inexistencia, finalmente un grupo español ha revelado pruebas sólidas de que el ser humano, incluso en edad avanzada, sigue formando nuevas neuronas en el hipocampo, aunque su número se ve disminuido en pacientes de Alzheimer (Moreno-Jiménez *et al.*, 2019). Existen autores que aún cuestionan si este debate está definitivamente zanjado, ya que existen publicaciones recientes que indican que no hay neurogénesis en humanos más allá de la infancia (Sorrells *et al.*, 2018). Dicho esto, consideramos que las evidencias aportadas por todas las publicaciones que sostienen que sí existe neurogénesis adulta en humanos son, a fecha de hoy, mayoritarias (Llorens-Martín, 2019).

Sabemos también que el ejercicio físico y la actividad cognitiva incrementan dicha neurogénesis adulta, mediante la proliferación de las células madre neurales del hipocampo y de la supervivencia de los progenitores neurales y de las neuronas inmaduras del giro dentado hipocampal (Kempermann, 2011; Llorens-Martín, 2018). Desde los estudios pioneros a finales de los noventa, hemos aprendido mucho acerca de los mecanismos celulares y moleculares por los cuales tiene lugar dicho efecto. Como ya se ha mencionado, los factores tróficos como el IGF1 y el BDNF incrementan sus niveles en sangre por efecto del ejercicio, siendo secretados por el hígado y el músculo; atraviesan la barrera hematoencefálica y ejercen sus acciones de un modo específicamente local, es decir, en aquellas regiones cerebrales que tienen una mayor actividad eléctrica. ¿Cuáles son entonces estas regiones y por qué se forman más neuronas por hacer ejercicio? El cerebro es nuestro órgano de procesamiento de la información tanto interior como exterior al organismo. Si la formación de una neurona, de sus conexiones y su maquinaria de transmisión de información no fuera tan compleja y tan costosa en términos energéticos, es posible que la evolución hubiera seleccionado sin dificultad organismos en los que el número de neuronas hubiera sido el máximo posible desde un punto de vista del equilibrio coste/beneficio para el individuo durante el desarrollo embrionario y postnatal, y permanecería fija en el adulto. Pero no es así; en su lugar se ha seleccionado un mecanismo por el que el número de neuronas del giro dentado hipocampal varía en función de las circunstancias. Muchos son los factores que determinan la influencia de dichas circunstancias, desde el estrés al sexo, la jerarquía social, la dieta, determinantes genéticos y la actividad neural, pero por ahora nos centraremos fundamentalmente en los efectos de la actividad fisicocognitiva. Si existe relación entre el número de neuronas y la cantidad de información que hay que procesar, tendremos que saber cuál es la relación entre información y movimiento.

El procesamiento de información, a lo largo de toda la escala filogenética, y obviamente de manera más relevante en los organismos no sésiles, está intrínsecamente ligado al movimiento. Cuanto más movimiento, más información diferente hay que procesar, en términos espaciales (distancia recorrida desde la guarida, localización de las diferentes fuentes de alimento, posición de los lugares donde se esconde la comida o donde han aparecido depredadores en el pasado con mayor frecuencia, fuentes de agua, etc.) y no espaciales (memoria social, reconocimiento de congéneres, de prácticas conductuales beneficiosas o perjudiciales), y un enorme número de comportamientos que son inherentes a la supervivencia del organismo y de la especie.

Cuanto mayor es el movimiento del sujeto, más información procesa y, por lo tanto, más recursos neurales (en forma de neuronas, astrocitos, vascularización, sinapsis y toda la batería de elementos que constituyen la plasticidad neural). Pero el grado de movimiento de un sujeto depende en su totalidad de la mayor o menor disponibilidad de alimento, de la pareja sexual, de la presión ambiental en forma de depredadores o de presas, por ejemplo, y por lo tanto es imposible determinar cuántos de esos recursos neurales será la cantidad óptima para el sujeto. El mecanismo más eficaz que la evolución ha seleccionado ha sido que esos parámetros sean variables y, por ello, el número de nuevas neuronas en el giro dentado hipocampal es variable, exactamente dependiendo de la demanda de procesamiento de información (por ejemplo, en ratones sedentarios el porcentaje de nuevas neuronas es aproximadamente de entre el 4 y el 6%, pudiendo duplicarse o triplicarse tras el ejercicio o el enriquecimiento ambiental).

Esta demanda viene a su vez determinada por el movimiento del sujeto que está en correlación directa con la información que entra por los sentidos al moverse (que, en el ser humano, también puede acumularse en condiciones de reposo, ya que en esta condición es capaz de desarrollar una gran actividad cerebral).

Pues bien, nuestro cerebro ha desarrollado la capacidad de señalizar el grado de actividad física y cognitiva del sujeto, de modo que se incremente el número de neuronas que procesarán la nueva información procedente de los nuevos lugares visitados, así como la memorización de los nuevos datos que se encuentre el sujeto; además, se incrementará la habilidad para la separación de patrones, que es la capacidad para distinguir estímulos en número creciente y que pueden ser similares entre sí, pero que pueden contener valiosa información específica y que, por tanto, deben ser distinguidos unos de otros (un proceso que conocemos como separación de patrones). Consecuentemente, este útil ajuste del número de neuronas con la demanda de procesamiento de información y los distintos grados de actividad física es comprensible que solo tenga lugar en unas pocas regiones del cerebro, aquellas que mayor necesidad tienen de dicho ajuste, en un ejemplo más de la economía de equilibrio coste-beneficio que el cerebro nos ha mostrado en las últimas décadas.

Sin embargo, si parece claro que el sedentarismo necesita pocas neuronas nuevas cada día y por cuestión de economía tenemos, por tanto, pocas, mientras que la actividad física moderada necesita más neuronas para procesar la información espacial y tenemos, por tanto, más neuronas y mejor capacidad cognitiva, ¿por qué estos sistemas y procesos neurobiológicos, en lugar de tener una curva hormética, no presentan una curva sigmoidal, en la que a mayor ejercicio más neuronas hasta alcanzar un límite o techo, a partir del cual ya no hay más incremento de neuronas ni de capacidad cognitiva? Todavía no tenemos una respuesta biológica definitiva. Podemos contentarnos con hipótesis de trabajo especulativas que nos guíen en el diseño de futuros experimentos que traten de dar respuesta. La más plausible de estas hipótesis, en nuestra opinión, es aquella que tiene en cuenta la dificultad que supone que unas neuronas inmaduras en crecimiento vayan desarrollándose en medio del tejido nervioso del individuo adulto, cuando todas las demás neuronas ya han crecido y desarrollado su axón, y sus árboles dendríticos y sus sinapsis ya están bien establecidas. Incluso aunque exista cierta capacidad para cambiar el mapa sináptico en un cerebro adulto, mucha de la conectividad consolidada en función de la experiencia previa del sujeto debe mantenerse y, sin embargo, podría ser sustituida por sinapsis nuevas de neuronas nuevas, como se ha demostrado. Hay además que tener en cuenta que estas nuevas neuronas tienen también propiedades electrofisiológicas especiales, distintas de las de las neuronas maduras, que las hacen más receptivas que estas a la entrada de estímulos e información de otras áreas cerebrales.

Por todo ello, esta nueva neurogénesis podría conducir a una remodelación parcial de las estructuras ya establecidas desde el desarrollo temprano del cerebro y durante la vida posterior y, por tanto, a un funcionamiento del hipocampo muy diferente. En una palabra, una neurogénesis que pudiera ser incrementada casi *ad infinitum* en función de la actividad del individuo podría tener efectos contrarios a los deseados: provocar el caos en el circuito trisináptico del hipocampo y mermar las capacidades cognitivas, en lugar de potenciar la capacidad de procesamiento de información espacial. Este potencial colapso catastrófico del hipocampo vendría remediado no solo por un techo sigmoidal a la capacidad del cerebro para acumular nuevas neuronas, sino por algo más drástico como el perfil hormético de los efectos del ejercicio.

Efectos de los cambios celulares y de macroestructura sobre la función cerebral

Todos estos cambios moleculares que tienen lugar en las células y los tejidos del cerebro conducen a una inequívoca y crucial consecuencia: el cambio en la función de nuestro cerebro. A continuación describiremos los cambios fisiológicos cerebrales que más claramente se ha demostrado que están inducidos por la actividad física. El primero de ellos es el flujo sanguíneo en ciertas regiones cerebrales. Este aporta no solo el oxígeno que mantiene activas nuestras funciones cerebrales, además de ser el vehículo donde viajan las neurotrofinas ya descritas anteriormente, sino que nos permite establecer un principio fundamental de la neurobiología del ejercicio. Los efectos de la actividad física son mayores en aquellas regiones que están implicadas más activamente en la ejecución de un tarea concreta. Como ya se ha explicado, la economía coste-beneficio ha servido para evolucionar nuestros cerebros de tal manera que allá donde se requiere un mayor cambio en su funcionamiento, se incrementa el flujo sanguíneo, el consumo de oxígeno y, en ciertas regiones, incluso el número de nuevas neuronas. Esto se ha corroborado gracias a estudios de hemodinámica cerebral tanto en animales como en seres humanos.

Gracias a los estudios de resonancia magnética (fMRI) y de resonancia cercana al infrarrojo (fNIRS) se ha podido observar el aumento de flujo sanguíneo tras el ejercicio en aquellas regiones que participaban directamente en tareas cognitivas específicas (habitualmente corteza prefrontal o hipocampo, aunque también suelen estar involucrados el lóbulo parietal o el giro frontal superior).

Como resultado, se ven modificadas tanto las ondas cerebrales como los ritmos específicos de activación de determinadas regiones del cerebro, así como los potenciales evocados. Se ha descrito mediante electroencefalogramas que el ejercicio agudo incrementa la actividad de las ondas alfa, delta, theta y beta del cerebro en seres humanos, tanto en la corteza frontal como en la temporal, la parietal y la occipital. No obstante, llama la atención que aumenten las ondas alfa, ya que estas se asocian habitualmente con las sensaciones de fatiga y relajación. Sin duda, estos aspectos de la fisiología cerebral durante el ejercicio distan mucho de comprenderse correctamente. En cuanto al ritmo theta, típico en estudios de hipocampo y presente en registros de potencial de campo local durante la locomoción y la navegación espacial, se ha demostrado que participa en la organización de patrones de actividad secuencial y, sin duda, esto es determinante en la ejecución con éxito de tareas hipocampo-dependientes.

Asociados a todos estos cambios en las ondas y ritmos cerebrales están los potenciales relacionados con los sucesos, registrados también mediante electroencefalogramas. Uno de los más estudiados es el conocido como P300 y que se manifiesta durante la toma de decisiones. Se ha demostrado que el ejercicio incrementa la amplitud y disminuye la latencia de P300, lo que correlaciona directamente con la eficacia en la ejecución de tareas cognitivas, demostrando definitivamente que el cerebro del sujeto en ejercicio está funcionando diferente al sujeto sedentario.

El resultado global es un aumento neto de la capacidad del cerebro para procesar cantidades de información muy variables. En una palabra, la plasticidad neural de la que ya hablamos con anterioridad. ¿Qué consecuencias tienen todos estos cambios moleculares, celulares, de tejido, y de funcionamiento cerebral, para el sujeto, tal como podemos observarlo externamente? Las describiremos a continuación.

Efecto de los cambios en la función cerebral sobre la conducta

Sin ánimo de plasmar una relación exhaustiva de los innumerables y bien conocidos efectos del ejercicio sobre la conducta, expondremos ahora las consecuencias más estudiadas y mejor demostradas, enfocándonos en la cognición. El ejercicio aumenta la capacidad cognitiva tanto en seres humanos como en animales de laboratorio. Concretamente, mejora la ejecución tanto en pruebas que miden aprendizaje y memoria espacial como no espacial, aprendizaje y memoria de tareas que requieren asociar una recompensa o un castigo con un lugar específico, la memoria al miedo asociado a un lugar o a un contexto, y la capacidad de discriminar estímulos, habilidad que resulta sumamente necesaria en nuestra vida cotidiana. Brevemente, consiste en nuestra capacidad para reconocer que dos estímulos muy parecidos son en realidad distintos (lo que denominamos separación de patrones), como cuando dos personas presentan un gran parecido pero somos capaces de reconocer quién es quién. Pero también consiste en nuestra capacidad para reconocer que dos estímulos distintos corresponden en realidad a dos facetas, etapas o propiedades de un mismo sujeto u objeto (lo que denominamos completamiento de patrones), como cuando somos capaces de reconocer a una misma persona aun cuando estamos viendo fotografías muy separadas en años de la misma persona. También incrementa la capacidad de análisis matemático, así como la habilidad lingüística. El ejercicio físico es capaz de potenciar todas estas habilidades cerebrales netamente, y esto ha sido demostrado sobradamente en numerosos estudios, así como en metaanálisis que han comparado estudios de diferentes autores en muy diferentes países del mundo a lo largo de las últimas décadas (Zhang y So, 2019; Greene *et al.*, 2019).

Efectos indirectos, inter- y transgeneracionales, del ejercicio físico

Aunque ya hayamos mencionado una gran cantidad de efectos directos del ejercicio físico sobre el cerebro, se tiene evidencia científica de que existen también efectos indirectos, es decir, el sujeto se beneficia de los mismos sin ni siquiera haber practicado ejercicio. ¿Cómo es posible?

Estudios recientes han demostrado que los efectos cognitivos y emocionales del ejercicio en animales de laboratorio son heredables por la siguiente generación. Consideramos que cuando los efectos adquiridos tras la ejecución de una conducta (en nuestro caso, el ejercicio físico) pasan a la siguiente generación, hablamos de efectos intergeneracionales del ejercicio, mientras que si dichos efectos acabaran afectando a más de una generación, se conocerían como efectos transgeneracionales. La mayor parte de los estudios que han demostrado fehacientemente una transmisión intergeneracional de efectos se han enfocado en la cognición; concretamente, los trabajos que ha utilizado enriquecimiento ambiental (una forma de actividad incrementada, no solo física sino también cognitiva, Benito *et al.*, 2018) y los de nuestro grupo (con ejercicio moderado, McGreevy *et al.*, 2019) han demostrado que las camadas procedentes de padres con mayor actividad son capaces de presentar mayor capacidad de potenciación sináptica y de discriminación de estímulos, al igual que la presentaban sus padres, comparados con los padres sedentarios, y comparándose las camadas con las crías de padres sedentarios. Lo más interesante de este hallazgo es que las crías son en todo caso sedentarias, así que los únicos que hicieron ejercicio fueron los padres.

Estos hallazgos son especialmente relevantes por cuanto se ha podido demostrar que el aumento del número de neuronas asociado al ejercicio en los padres, así como el mejor funcionamiento mitocondrial de las células del hipocampo, también fue transmitido a la descendencia, aun cuando esta era sedentaria. En una palabra, en las crías sedentarias de padres corredores había más neuronas nuevas, que eran más activas, al igual que sus circuitos, y, en consecuencia, los sujetos tenían más capacidad de ejecutar con éxito las tareas conductuales. Esto supone una recapitulación de todos los cambios expuestos hasta ahora, demostrándose que los efectos del ejercicio no solo son beneficiosos para el sujeto que los practica, sino también para su descendencia.

Queda para el futuro inmediato demostrar durante cuántas generaciones puede mantenerse dicho efecto y cuál sería el mecanismo que podría mediar dicha herencia transgeneracional de los beneficios del ejercicio físico. Pero, sobre todo, queda por explicar cómo se transmiten estos efectos de una generación a la inmediata, tarea que abordaremos a continuación.

Sin duda, la transmisión de efectos adquiridos por la práctica del ejercicio físico es epigenética. Se ha demostrado que uno de los factores que median esta transmisión son los microARN, que son diminutas secuencias de ARN producidas constantemente por nuestro organismo, que participan en incontables procesos biológicos y que se cuentan como uno de los mediadores de los efectos epigenéticos asociados a la dieta, a ciertos tóxicos medioambientales, al estrés y, por supuesto, al ejercicio.

Específicamente, se ha demostrado que ciertos micro-ARN viajan en los espermatozoides de los ratones más activos, y que su bloqueo en el esperma impide la transmisión de las mejoras en la potenciación neuronal, y se ha observado también que esos mismos microARN inducen la expresión diferencial de ciertos genes en el hipocampo, tanto del propio padre que realiza el ejercicio, como de sus crías sedentarias que no lo hacen. Lo relevante del hallazgo es que dichos genes que se expresan diferente en las crías cuyos padres corrieron, comparados con los de las crías de los padres sedentarios, son precisamente los genes que controlan la actividad mitocondrial, la formación de nuevas neuronas, y la actividad sináptica.

¿Cómo llegan dichos microARN al interior de los espermatozoides en los sujetos corredores? Se ha revelado recientemente que los epididimocitos (las células que recubren la pared del epidídimo por donde transitan los espermatozoides en formación en los testículos) secretan a la luz del epidídimo unas vesículas que contienen dichos microARN, que penetran en el espermatozoide, y que por tanto son posteriormente aportados por el espermatozoide al oocito y por tanto al nuevo sujeto en desarrollo, y este proceso determina la herencia de estos caracteres inducidos por el ejercicio.

¿Quiere todo ello decir que los caracteres adquiridos se heredan, como postulaba Lamarck? Aparte del hecho de que Lamarck hablaba de mecanismos de especiación, que no estamos considerando aquí, la respuesta es no. Solo se transmiten de manera intergeneracional aquellos procesos biológicos que de una manera natural están programados para experimentar una variación natural en respuesta al entorno cambiante del sujeto. Como ya hemos explicado con anterioridad, la economía del equilibrio coste/beneficio ha determinado que aquellos procesos biológicos que pueden soportar cambios durante la vida del sujeto (el número de nuevas neuronas en algunas regiones del cerebro, la potenciación neuronal, la activación mitocondrial, la expresión de ciertos genes específicos que controlan dichos parámetros, etc.) pueden transmitir a la siguiente generación dicha regulación génica, y por lo tanto, pueden hacer que sus descendientes también tengan más o menos neuronas, y más o menos potenciación o activación mitocondrial.

Parece un mecanismo adaptativo de la naturaleza el hecho de que aquellos sujetos que tienen que procesar poca información ambiental y, por lo tanto, se desplazan poco y hacen poco ejercicio, teniendo por ello menor número de neuronas y menor capacidad cognitiva, tengan también crías con las mismas características, mientras que un aumento de la demanda de procesamiento de información, mediante un aumento del ejercicio físico, induzca mayor número de neuronas, mayor capacidad cognitiva y unas futuras crías con las mismas capacidades.

CAPÍTULO 5

Deporte y cerebro

Deporte profesional y deporte recreativo

A nivel profesional, y según el Comité Olímpico Internacional (COI), un deporte es una disciplina o un grupo de disciplinas representado por una organización deportiva internacional. Actualmente, una treintena de deportes de verano y una decena de deportes de invierno están incluidos en los respectivos juegos olímpicos. La mayoría de los deportes pueden practicarse también a nivel recreativo de forma individual o en equipo, según las aficiones de cada deportista *amateur*. En todos los casos, la contribución de las habilidades cognitivas es esencial para el buen desarrollo de la actividad deportiva.

En el deporte profesional se dedican muchas horas semanales al ejercicio físico y la exigencia es más extrema cada día. Es siempre necesario un control profesional de los cambios cardiovasculares y fisiológicos generales como consecuencia del esfuerzo físico continuado que se realiza. En todo deporte profesional, para mantener la salud y tener un buen rendimiento deportivo a largo plazo, es importante controlar la progresión y los límites de cada deportista. En muchos deportistas se induce la remodelación del músculo cardiaco para aumentar la respuesta frente al ejercicio intenso mantenido, pero en casos extremos pueden producirse alteraciones cardiovasculares graves (fibrilación auricular y arteriosclerosis coronaria) y pérdida de beneficios en la reducción del riesgo de mortalidad (Gleason y Kim, 2017). Hay pocos estudios en deportistas de élite y no se conocen posibles efectos negativos cerebrales, aparte de los derivados de traumatismos craneales que comentaremos más adelante; sin embargo, no podemos descartar al menos una pérdida de beneficios en los casos extremos (figura 3).

Figura 3

El ejercicio físico excesivo pierde los efectos beneficiosos para la salud. El deporte recreativo o profesional llevado al límite induce alteraciones cardiovasculares y podría disminuir los beneficios cerebrales o inducir riesgos para la salud a largo plazo.

DOSIS DE EJERCICIO FÍSICO

BENEFICIOSO

¿?

¿Pérdida de los beneficios cerebrales?

Alteraciones cardiovasculares

Poco ejercicio o esporádico

Ejercicio regular de intensidad controlada

Ejercicio regular de intensidad excesiva y extenuante

Pérdida de la reducción del riesgo total de mortalidad

Los deportistas aficionados realizan actividades físicas individuales o en equipo que sin duda van a ser muy beneficiosas para el cerebro y para la salud en general. Sin embargo, no por tener un carácter recreativo significa que el deporte no sea intenso. Muchos deportistas van a sobrepasar con creces las recomendaciones de ejercicio físico mínimo semanal que comentábamos en el primer capítulo: una hora y media de ejercicio aeróbico moderado y un complemento de dos días de entrenamiento muscular a la semana. Cuando se practica regularmente cualquier deporte hay que considerar los entrenamientos que preparan la función cardiovascular y muscular, y también la respuesta cerebral, para el deporte de que se trate y luego las competiciones, o hitos a superar, en que se realiza más esfuerzo. Debe procederse de forma progresiva y estar atentos en el control del nivel de esfuerzo para evitar perder los beneficios del ejercicio físico o incluso incidir en posibles efectos negativos.

Los estereotipos de género en el cerebro y en el deporte

Antes de seguir desgranando los efectos del deporte y de la actividad física en general sobre el cerebro, hagamos un breve inciso en las posibles diferencias entre hombres y mujeres. La expresión de los genes de los cromosomas sexuales (XX en mujeres y XY en hombres, más algunas variantes anómalas en el número de cromosomas en algunos individuos), así como la secreción hormonal correspondiente, influyen en todo el organismo. En consecuencia, existen diferencias estructurales y funcionales entre hombres y mujeres en diversos órganos y tejidos, incluido el cerebro (Arnold, 2020). Sin embargo, junto a genes y hormonas aparece un tercer factor muy importante en la diferenciación y maduración del cerebro que es la gran plasticidad cerebral en respuesta al conjunto de las influencias externas que recibe el individuo (Fine *et al.*, 2013). Por tanto, muchas de las características cerebrales tradicionalmente atribuidas a las diferencias de género tienen un origen cultural. Afortunadamente, en el siglo XXI se han superado los estereotipos de la dualidad cerebro masculino/cerebro femenino y en los estudios científicos y clínicos actuales se intenta abarcar los dos sexos y se valoran las posibles diferencias para buscar tratamientos personalizados en casos de mayor riesgo (Rezzani *et al.*, 2019).

En la mayoría de deportes de élite, las competiciones se celebran en categorías específicas para hombres o mujeres debido a la mayor fuerza, velocidad y resistencia masculina, que otorgaría una ventaja excesiva. La mayor concentración de testosterona circulante en hombres a partir de la pubertad está directamente relacionada con mayor fuerza muscular y niveles más elevados de hemoglobina en sangre (Handelsman *et al.*, 2018). Ello no es impedimento para que las mujeres sean deportistas perfectamente capaces en todas las disciplinas. Sin embargo, durante demasiados años, y todavía hoy en algunos países, las mujeres han tenido un acceso restringido a la práctica deportiva (Deaner y Smith, 2012). Con ello se ha excluido y se excluye de los beneficios físicos y cerebrales que conlleva la práctica regular de la actividad física y del deporte a un elevado porcentaje de la población mundial de mujeres.

La historia de la práctica del deporte femenino es un reflejo de la superación del estereotipo femenino clásico. Por ejemplo, en los juegos olímpicos de verano de 1900 en París se permitió la participación de mujeres deportistas solo en golf y tenis, mientras que el número de atletas en las últimas ediciones de las olimpiadas se ha acercado a la paridad y disminuyen las desigualdades en la mayoría de disciplinas. Sin embargo, todavía existen desigualdades por la potenciación de las pruebas para los deportistas masculinos en algunas disciplinas consideradas de hombres como béisbol, boxeo, lucha, piragüismo y tiro, o el tradicional mayor número de pruebas para mujeres en natación y softbol. Es importante dar visibilidad y potenciar el deporte sin distinción de género a todas las edades.

El cerebro de los deportistas

En primer lugar, ¿el cerebro de los deportistas estará funcionalmente más sano? Sí puede estar más sano que el de una persona que lleve una vida sedentaria, pero no necesariamente más sano que el de quien realice un mínimo de actividad física requerido para la salud. La mejor funcionalidad del cerebro causada por los numerosos cambios fisiológicos beneficiosos inducidos por el ejercicio físico, que hemos comentado en capítulos anteriores, indica una mayor probabilidad de resiliencia frente a enfermedades cerebrales por parte de los deportistas.

Además, el cerebro es sumamente plástico y sabemos que puede moldearse según sean las actividades físicas y mentales del individuo. Especialmente, el aprendizaje de nuevas actividades induce conexiones en circuitos neuronales que después van a activarse al repetir la actividad en cuestión, pues la práctica repetida con intensidad por largo tiempo puede inducir cambios estructurales cerebrales. El deporte practicado regularmente, sin lugar a dudas, va a moldear el cerebro.

Se produce un incremento de volumen de la materia gris, principalmente en las regiones cerebrales de estriado, hipocampo y corteza prefrontal, que hemos visto en actividades físicas aeróbicas de entrenamiento cardiovascular a diversas edades. Es interesante notar que también se han detectado cambios de actividad neuronal por determinaciones electrofisiológicas en estas regiones, que están implicadas en funciones sensorio-motoras ejecutivas y de memoria (Iso-Markku *et al.*, 2020).

Puede haber cambios cerebrales específicos según los deportes, aunque se practiquen al mismo nivel de intensidad física. Los requerimientos sensoriales, motores y cognitivos característicos de distintos tipos de ejercicio inducirán adaptaciones y estimulaciones de las áreas cerebrales correspondientes. Por ejemplo, el encefalograma de deportistas de élite de dos actividades físicas muy diversas, baile y juegos de pelota de movimiento rápido, demostró diferencias específicas en la actividad eléctrica cerebral (Ermutlu *et al.*, 2015).

En general, los deportistas realizan un procesamiento más rápido y eficiente en los circuitos neuronales correspondientes a las funciones visuoespaciales y de memoria que los no deportistas (Chueh *et al.*, 2017). También muestran mayor flexibilidad cognitiva y control ejecutivo, derivadas de mejor funcionalidad en la corteza prefrontal (Verburgh *et al.*, 2014). Todo ello les permite adaptarse anticipadamente al movimiento y tomar decisiones rápidas y flexibles (figura 4).

Figura 4

Los deportes moldean el cerebro. Actividades de seguir una pelota en un partido o sortear obstáculos en una carrera desarrollan facultades de captar y procesar la información específica y responder de la forma más rápida y precisa.

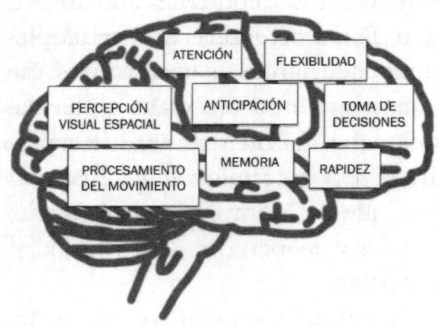

El deporte aumenta la percepción de bienestar cognitivo

Se puede asegurar que los deportistas aficionados tienen mayor rendimiento cognitivo y mejor estado de ánimo que aquellos con una vida sedentaria. Ello se traduce en mayor bienestar cognitivo y emocional a todas las edades. Por ejemplo, en una encuesta con estudiantes universitarios, los que presentaban mayor actividad física tenían la percepción de que iban a obtener mejores resultados académicos y profesionales (Budzynski-Seymour *et al.*, 2020). En los deportistas profesionales también, siempre que no se trate de casos con excesiva presión psicológica o esfuerzo físico. Obviamente, el riesgo de sufrir alguna lesión o accidente puede acabar o limitar una carrera deportiva.

En el estado físico de cuerpo y cerebro de los deportistas de élite puede haber un componente genético, pero los logros deportivos están basados en gran parte en la fuerte motivación para el entrenamiento y en el aprendizaje de las habilidades físicas y cognitivas requeridas (Yarrow *et al.*, 2009). La mejor respuesta de habilidades cognitivas que hemos comentado de percepción, anticipación, memoria y toma de decisiones puede luego hacerse extensiva a otras actividades no deportivas de la vida diaria.

La participación en actividades deportivas aumenta el bienestar mental y de estado de ánimo gracias a los múltiples beneficios cerebrovasculares y neurotróficos comentados. En estudios realizados en deportistas no profesionales se ha demostrado la presencia emocional de felicidad asociada a la participación activa en un club de deporte (Balish *et al.*, 2016).

El deporte con discapacidades

La discapacidad física o intelectual no debe ser una barrera para poder obtener beneficios de la práctica deportiva. Cada vez es más frecuente la práctica de deportes adaptados para silla de ruedas o con un guía para la ayuda de afectados por ceguera. Esquí en silla con patín y baloncesto en silla de ruedas son ejemplos de deportes que pueden ser practicados con deficiencias de movilidad. Otro ejemplo son la carrera a pie o en bicicleta, que puede realizarse acompañado de un guía en caso de deficiencia visual. La difusión en los medios de los campeonatos de deporte paralímpico ha contribuido a hacerlo más asequible. En la práctica deportiva con discapacidad se han adaptado 18 deportes olímpicos de verano y 4 de invierno, y se ha creado el deporte golbol[4]. En discapacidad intelectual, el rango es menor, con 3 deportes: atletismo, natación y tenis de mesa.

Los deportistas con discapacidades se benefician igualmente de los cambios físicos y cerebrales inducidos por el ejercicio físico en todas sus modalidades. Los deportes individuales y en grupo contribuyen al bienestar físico y mental de los deportistas y en muchos casos pueden contribuir a mejorar mecanismos compensatorios a las discapacidades (Nakazawa *et al.*, 2020).

Accidentes y lesiones cerebrales

Las actividades físicas y deportivas suponen un cierto riesgo de lesiones cerebrales por caídas o impactos de contacto según sea la actividad que se realiza. En la mayoría de los casos se trata de traumatismos craneoencefálicos leves que se resuelven sin secuelas ni disminución de los efectos beneficiosos del ejercicio físico para el individuo. Sin embargo, en deportistas que han sufrido lesiones cerebrales traumáticas repetidas puede darse el caso extremo de desarrollar encefalopatía traumática crónica que cursa con severas alteraciones de estado de ánimo y pérdida de memoria. Esta enfermedad neurodegenerativa se consideró inicialmente como demencia pugilística, pero posteriormente se ha detectado en otros deportes de alto riesgo de impactos como fútbol americano, lucha y *hockey* hielo. La encefalopatía traumática crónica también se ha detectado en casos extradeportivos y está en estudio para conocer sus causas y su evolución neuropatológica (Keener, 2016).

---

4. El golbol es el único deporte creado específicamente para personas ciegas o con baja visión.

Es importante utilizar siempre casco y equipo de protección adecuado a cada deporte para minimizar eventuales impactos en la cabeza en casos de accidente.

El deporte escolar mejora el rendimiento intelectual de los niños

Las horas semanales de gimnasia no deben reducirse en aras de más horas de matemáticas o lengua. Muy al contrario, deben aumentarse las horas de educación física en las escuelas y hacer que los escolares participen en actividades deportivas que supongan entrenamientos en equipo, partidos, carreras, etc. Además de su función educativa, el ejercicio físico escolar mejora el estado fisiológico general, incluso en niños y jóvenes sanos, pero también la salud y funcionalidad cerebrales. Además, infancia y adolescencia son periodos de desarrollo y maduración cerebral de regiones cerebrales específicas. Así, hipocampo y corteza prefrontal, donde residen funciones de memoria y de control cognitivo o ejecutivas, respectivamente, son de maduración prolongada y podrán ser más sensibles a los beneficios de la actividad física mantenida.

Diversos estudios han corroborado que existe una correlación positiva entre la práctica deportiva y las funciones cognitivas y emocionales de niños y adolescentes (Bidzan-Bluma *et al.*, 2018). A nivel de resultados académicos de los escolares, existen evidencias concluyentes de que el deporte escolar está asociado a un mejor rendimiento en matemáticas (Singh *et al.*, 2018). Sobre otras materias, los resultados están en estudio. Existen también evidencias concluyentes de los beneficios del deporte sobre las funciones de control y toma de decisiones. Así, se ha demostrado un mejor control cognitivo en adolescentes que practican deporte aeróbico (Westfall *et al.*, 2018). Los cambios de plasticidad cerebral inducidos por el deporte a edades tempranas pueden mantenerse y generar beneficios cognitivos a largo plazo, siendo un posible sustrato de reserva cognitiva. En efecto, se ha descrito una mayor velocidad de procesamiento de información a edades avanzadas en quienes practicaron deporte durante la adolescencia (Dik *et al.*, 2003).

El deporte de veteranos no tiene límite de edad

En el otro extremo de edades tenemos los deportistas veteranos, de los que hablaremos en el capítulo sobre envejecimiento. Nunca es tarde para iniciarse en la práctica regular de un deporte y disfrutar de los beneficios en bienestar, estado de ánimo y mejora cognitiva.

Actualmente cobra especial importancia estar en buena forma física durante toda la vida, principalmente mediante la práctica de un deporte aeróbico, para prolongar la funcionalidad cerebral todos los años que sea posible (Erickson *et al.*, 2015). Los deportes de veteranos, en muchos casos adaptados a la edad para evitar lesiones, son ideales para mantener la cognición y la salud cerebral.

CAPÍTULO 6

El ejercicio físico como terapia de resiliencia contra el envejecimiento

El cerebro envejece con nosotros

Las células de nuestro organismo se deterioran con la edad y todo el organismo entra en un proceso general de envejecimiento. Primero son cambios leves que pueden afectar diferencialmente un órgano u otro. A continuación, la aparición de deficiencias funcionales aumenta el riesgo de sufrir enfermedades y finalmente de fallo de órganos. La velocidad de envejecimiento celular está controlada en parte por nuestros genes y por alteraciones sobrevenidas en los mismos, pero también por procesos bioquímicos como el control de las proteínas sintetizadas y la regulación metabólica y energética entre otros (López-Otín *et al.*, 2013). Se están dedicando muchos esfuerzos a investigar los mecanismos implicados en el envejecimiento para envejecer de manera saludable, es decir, el periodo máximo de vida sin discapacidad. Se trata por tanto de ralentizar el envejecimiento y retrasar la aparición de fragilidad. En general, en nuestra sociedad estamos avanzando en esta dirección, pues las mejoras en sanidad y en calidad de vida han llevado a un aumento sin precedentes de la longevidad de la población.

En el siglo XXI podríamos acercarnos al límite máximo de esperanza de vida de la especie humana, que se propone alrededor de los 120 años.

El cerebro no está exento de envejecer. A partir de los 50 años pueden detectarse leves déficits funcionales en las funciones cognitivas, principalmente en la rapidez en la toma de decisiones, cambios de atención de un tema a otro, encontrar la palabra adecuada durante una conversación y dificultades de percepción sensorial y de coordinación motora. En las décadas siguientes, las funciones cognitivas pueden seguir una pendiente de deterioro con afectación adicional de la memoria episódica, que es la que almacena los recuerdos autobiográficos (momentos vividos con todo su contexto de tiempo, lugar y sensaciones asociadas), y otros cambios que serán siempre leves si no se desarrollan enfermedades neurodegenerativas (Alexander *et al.*, 2012).

No hay muerte neuronal en el envejecimiento, pero sí cierta atrofia de los cuerpos neuronales junto con menores conexiones sinápticas entre neuronas, lo que causará una ligera disminución del volumen de materia gris cerebral. En efecto, la pérdida de neuronas es inferior a un 10% entre los 20 y los 90 años, pero sí hay una disminución de la longitud de sus prolongaciones axónicas que constituyen las fibras mielinizadas de la materia blanca hasta un 40% (Pakkenberg *et al.*, 2003). También se mantiene la capacidad regenerativa de la neurogénesis adulta del hipocampo humano con la edad avanzada (Moreno-Jiménez *et al.*, 2019), aunque declina la angiogénesis y la plasticidad neuronal (Boldrini *et al.*, 2018).

Estos cambios cerebrales leves contribuirán a la aparición de deficiencias funcionales en las neuronas. Las alteraciones en la regulación del metabolismo energético celular son una de las causas principales de estas deficiencias. El cerebro es nuestro órgano más activo energéticamente. Se sabe que utiliza hasta el 20% del oxígeno de la respiración y el 25%

de la glucosa que circula en sangre para generar su energía, aunque solo representa un 2% aproximado del peso corporal. La actividad de las neuronas es constante, incluso durante el sueño, y según la actividad cerebral se puede generar un gasto calórico mayor.

Las neuronas van a ser muy sensibles a la menor eficiencia de las mitocondrias, los orgánulos celulares que constituyen la fábrica de energía celular, y a otros cambios celulares como la menor capacidad de eliminar detritos, la acumulación de daño oxidativo, la disminución de plasticidad para adaptarse a nuevos estímulos y las alteraciones en el funcionamiento de los circuitos neuronales y en la comunicación entre neuronas y las células gliales (Mattson *et al.*, 2018).

Las células gliales (astrocitos, microglía y oligodendrocitos) constituyen el tejido cerebral junto con las neuronas y también van a sufrir cambios por envejecimiento que se sumarán a los propios de las neuronas. Microglía y astrocitos envejecidos están implicados en procesos inflamatorios leves pero mantenidos y en la disminución de diversas funciones neuroprotectoras que perjudican el estado óptimo de las neuronas. Los oligodendrocitos son los encargados de cubrir las prolongaciones neuronales con vainas de mielina en el sistema nervioso central. Son muy sensibles al estrés oxidativo y hay una pérdida de estas células paralelamente a la disminución de la mielina en el envejecimiento (Tse y Herrup, 2017). La pérdida de materia blanca y de la integridad de la mielina parecen contribuir de forma importante a la ralentización de la transmisión nerviosa y de la respuesta cognitiva en el envejecimiento (Ziegler *et al.*, 2010).

Finalmente, en el cerebro, aunque separado del tejido cerebral propiamente dicho por la barrera hematoencefálica (constituida conjuntamente por células endoteliales, pericitos y astrocitos), existe la vasculatura y microvasculatura cerebral. Es sumamente importante la funcionalidad cerebrovascular que va a permitir el aporte de oxígeno y glucosa, y otros nutrientes y moléculas circulantes que serán beneficiosas para el tejido cerebral. La red vascular del organismo se deteriora con la edad y los microcapilares cerebrales no son una excepción. Células endoteliales y musculares lisas que constituyen la pared vascular sufren alteraciones estructurales y funcionales más o menos severas. Entre estas, rigidez arterial, estrés oxidativo e inflamación causarán incrementos de tensión arterial, aumento de permeabilidad vascular y arteriosclerosis, entre otras alteraciones (Laina *et al.*, 2018). Las consecuencias irán desde una leve disminución de la función cerebral hasta un ictus y demencia vascular.

El ejercicio físico nos ayuda a mantenernos jóvenes

En primer lugar, en los efectos fisiológicos del ejercicio físico hay una interacción cuerpo-cerebro que se basa en varios aspectos que hemos comentado al principio del libro (figura 2). En resumen: 1) la conexión directa entre músculo y cerebro, mediante factores tróficos y miocinas liberados a la sangre; 2) la conexión cardiovascular, desde el aumento de la capacidad cardiorrespiratoria inducida por el entrenamiento físico, hasta la mejora de la circulación cerebrovascular; y 3) el ajuste funcional de los órganos metabólicos que influirá a su vez sobre músculo y cerebro. Esta mejoría funcional se extiende a la mayoría de órganos y tejidos del organismo. Por tanto, podemos decir que el ejercicio físico nos va a ayudar a mantenernos jóvenes.

Yendo aún más lejos, un mínimo de actividad física es necesario para nuestra salud a todas las edades. El cuerpo humano ha evolucionado desde nuestros ancestros homínidos para hacer ejercicio (figura 5). Bonobos, chimpancés y gorilas son poco activos y se alimentan de frutas y hojas de plantas que recolectan a su alrededor, mientras que los primeros humanos ampliaron su dieta alimentaria con la caza.

Perseguir y cazar animales requiere una compleja estrategia, normalmente en grupo, y sobre todo una marcada actividad física. Se calcula que los hombres recorrerían unos 14 kilómetros diarios (entre 12 000 y 18 000 pasos) y las mujeres también serían muy activas físicamente. El esqueleto del *Homo erectus* se adaptó a estos cambios de estilo de vida, pero también el metabolismo más rápido para proporcionar más energía y el mayor volumen de masa cerebral (Pontzer, 2019). En el día a día del *Homo sapiens*, a pesar de los cambios sociales que nos empujan a una vida sedentaria, el ejercicio físico sigue siendo esencial porque coordina cómo el cuerpo consume la energía para las funciones vitales, incluida la actividad cerebral.

FIGURA 5
Movernos está escrito en nuestros genes. Cuerpo y cerebro requieren un mínimo de actividad física para conservar la salud a lo largo de los años.

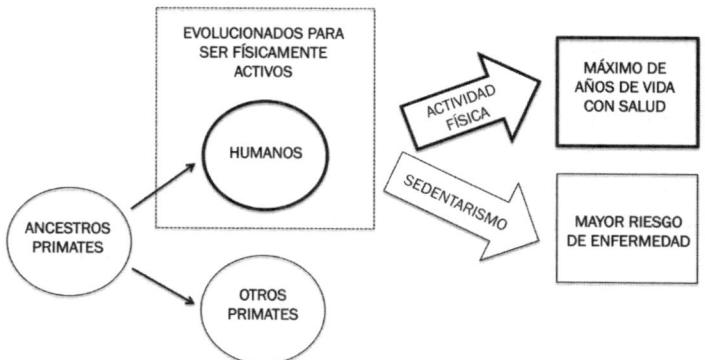

La falta de actividad física favorece el deterioro físico y mental a edades avanzadas. Es conocido que el ejercicio físico regular aumenta las defensas antioxidantes, antiinflamatorias e inmunológicas, y disminuye el riesgo de enfermedades relacionadas con el envejecimiento como alteraciones metabólicas, diabetes y cáncer (Booth *et al.*, 2012). Especialmente a edades avanzadas, el ejercicio no debe practicarse a una intensidad y duración que cause el mínimo agotamiento, pero sí producir una aceleración del pulso cardiaco que contribuirá a mantener la elasticidad de las arterias (Kim *et al.*, 2017). El entrenamiento muscular directamente disminuirá la pérdida de masa muscular y ósea, y con ello el riesgo de sufrir sarcopenia y osteoporosis a las que están expuestos muchos ancianos y ancianas.

En las recomendaciones de la cantidad e intensidad de actividad física en adultos mayores se establece una progresión gradual para asegurar la tolerancia al ejercicio físico. Es importante realizar ejercicios para mantener el equilibrio y la fuerza muscular, que disminuyen con los años. Sin embargo, el tipo de ejercicio físico que ayudará mejor a mantener la memoria es el de tipo aeróbico, con elevada actividad cardiovascular (Bullock *et al.*, 2018).

El ejercicio físico ayuda a prevenir el declive cognitivo del envejecimiento

La práctica regular del ejercicio físico aeróbico induce cambios estructurales y funcionales en el cerebro que mitigan las pérdidas leves de capacidad cognitiva (memoria, toma de decisiones, rapidez, etc.) del deterioro normal del envejecimiento.

El ejercicio se ha demostrado la estrategia no farmacológica más efectiva, aunque la que se aplica actualmente es proponer cambios integrales hacia un estilo de vida saludable para aumentar los beneficios: ejercicio físico, dieta mediterránea, sueño reparador, control de factores de riesgo vasculares y estimulación cognitiva.

Para empezar, es importante estar en buena forma física. Hace años que se conoce que el ejercicio físico y el buen estado físico mejoran las funciones cognitivas en adultos de edad avanzada. El margen de edades estudiadas es amplio; por ejemplo, se ha demostrado una correlación directa entre la capacidad aeróbica cardiorrespiratoria y la memoria en hombres y mujeres entre 60 y 89 años (Bullock *et al.*, 2018). A menor edad, en una cohorte de hombres de 45-60 años, los que llevaban varios años de práctica deportiva *amateur* tenían mejor preservada la memoria en comparación con los que realizaban poca actividad física (De la Rosa *et al.*, 2019).

A nivel de mecanismos, el ejercicio físico puede revertir o paliar los cambios estructurales y funcionales que tienen lugar en el cerebro con el envejecimiento. Se incrementa el volumen del hipocampo y otras áreas cerebrales, indicando que se compensa la pérdida de materia blanca y de conexiones neuronales (Erickson *et al.*, 2011). También se incrementa el volumen de materia gris, indicando que se compensa la atrofia neuronal (Eyme *et al.*, 2019) e incluso se pueden revertir los efectos del envejecimiento cerebral a nivel celular y molecular (figura 6); por ejemplo, en estudios experimentales en el cerebro de animales de edad avanzada sometidos a un tratamiento de ejercicio físico se han descrito: incremento de neurogénesis adulta y de factores neurotróficos, mayor funcionalidad y plasticidad neuronal, aumento de la funcionalidad energética mitocondrial, disminución del estrés oxidativo y la inflamación cerebral. De forma similar, en muestras de sangre periférica o biopsias de músculo de hombres y mujeres de 50 años o más, se han detectado disminución de marcadores de estrés oxidativo y de inflamación, así como restablecimiento de factores neurotróficos (BDNF e IGF1) y de los factores de supervivencia y neuroprotección de la familia de las sirtuinas (SIRT1 y SIRT3), por efecto del ejercicio físico (Garatachea *et al.*, 2015; Corpas *et al.*, 2019). Estos cambios detectados en los tejidos periféricos pueden considerarse marcadores de cambios cerebrales, confirmándose así los múltiples mecanismos moleculares para el antienvejecimiento cerebral y procognitivos del ejercicio. Además, existe un consenso sobre la gran importancia que tiene la capacidad cardiorrespiratoria y cerebrovascular para desencadenar estos cambios (Hillman *et al.*, 2008). ¿Podemos establecer un patrón de ejercicio físico mínimo que nos ayude a mantener la memoria durante el envejecimiento? A los 60 años no se puede tener un cerebro con la agilidad de respuesta y la memoria de un adolescente, pero sí un cerebro con mayores capacidades de lo que correspondería a la edad y que se resista al deterioro, que sea resiliente. A pesar de la gran variabilidad de respuestas entre las personas y de que faltan más estudios clínicos a largo plazo, se han establecido una serie de recomendaciones que nos pueden ser de ayuda.

FIGURA 6

Beneficios inducidos por el ejercicio físico contra el envejecimiento cerebral. Principales cambios celulares y moleculares del deterioro cerebral leve que aparece en edad avanzada y los mecanismos de prevención inducidos por el ejercicio físico.

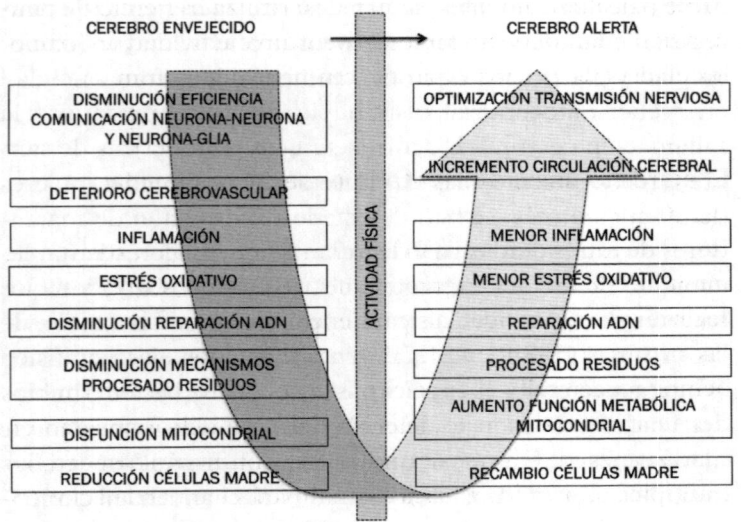

Hemos visto en el primer capítulo que los organismos públicos de salud sugieren un mínimo de ejercicio aeróbico de intensidad moderada (por ejemplo, andar deprisa) de 150 minutos/semana. En mujeres de 60 a 80 años se analizó el equivalente de esta recomendación en pasos y fue de unos 7000 pasos diarios. Analizando en detalle la actividad de este grupo de mujeres, resultó que el mínimo para disminuir significativamente la mortalidad era de 4400 pasos diarios, pero seguían aumentando los beneficios hasta los 7500 pasos (Lee *et al.*, 2019). Podemos prever que un nivel similar de actividad física contribuirá a mantener la memoria y las funciones ejecutivas en adultos mayores. En efecto, el seguimiento durante dos años de una cohorte de edad promedio de 74 años evidenció una disminución del declive cognitivo subjetivo en los participantes que realizaron entre 3500 y 7000 pasos diarios. Además, los beneficios eran mayores con 7000 o más pasos (Chen *et al.*, 2020).

También es importante que la actividad física sea agradable psicológicamente, ya que si se realiza el ejercicio como una actividad deportiva recreativa o una actividad en grupo, los efectos beneficiosos para el cerebro aumentarán.

El ejercicio físico aumenta la esperanza de vida

Los individuos que realizan ejercicio físico regular, además de mantenerse física y mentalmente más jóvenes que los que realizan poca actividad física, tienen mayor esperanza de vida. No es sorprendente que vivan más años ya que, como hemos comentado, el ejercicio físico previene las enfermedades relacionadas con el deterioro general del organismo en edad avanzada. Diversos estudios de poblaciones han demostrado que la actividad física disminuye la mortalidad por todas las causas en adultos de 50 a 70 años. Es interesante la demostración de que no solo la participación en deportes, sino también la actividad física doméstica, disminuye la mortalidad (Besson *et al.*, 2008).

En el otro extremo, también existen numerosas evidencias de que el sedentarismo incrementa el riesgo de sufrir enfermedades asociadas a la edad como diabetes de tipo 2, enfermedades cardiovasculares, ictus y algunos cánceres. Muchas horas diarias sentados viendo la televisión, en el coche, en el despacho, etc., son una causa de muerte prematura. Por suerte, sabemos que el ejercicio puede disminuir el daño a la salud y contrarrestar el mayor riesgo de mortalidad causados por largos periodos sedentarios. Se pueden compensar 8 horas o más al día de permanecer sentado con 60-75 minutos diarios de actividad física de intensidad moderada (Ekelund *et al.*, 2016).

En ausencia de parálisis u otras lesiones sobrevenidas que restrinjan la movilidad, nuestro estado de forma física está directamente relacionado con nuestra salud. Una prueba clínica repetidamente validada por su capacidad de predecir la esperanza de vida en ancianos es el análisis de la velocidad de andar. En esta prueba se mide el tiempo que se tarda en recorrer al paso habitual una distancia de 4 m. La velocidad de 1,0 m/s se propone como un estado de envejecimiento más saludable y con mayor esperanza de vida que el promedio, que estaría en los individuos que andan a 0,8 m/s, mientras que andar por debajo de 0,6 m/s indicaría problemas de salud y fragilidad y riesgo de muerte prematura (Studenski *et al.*, 2011).

Y si perdemos movilidad ¿qué hacemos?

Sabemos que la conexión músculo-cerebro implica mutuos beneficios cuando hay actividad muscular por liberación de factores a la sangre y otros efectos indirectos mediados por el mayor aporte de oxígeno y nutrientes. En pacientes con movilidad restringida o incluso en personas sanas que no realicen actividad física como los astronautas, se teme por la contribución que ello pueda tener en el deterioro cerebral. Sabemos que los músculos inactivos dejarán de enviar señales al cerebro, y en este disminuirán los factores neurotróficos beneficiosos para la actividad cerebral. Otro de los mecanismos perjudicados es el de la neurogénesis adulta. Así, en un estudio en animales se demostró que los cerebros de ratones que no podían andar con las patas posteriores durante dos semanas, porque se las mantenían elevadas sin tocar el suelo, tenían mermados el crecimiento y maduración de nuevas células madre neurales (Adami *et al.*, 2018). Sin embargo, el cerebro tiene muchos recursos debido a su alto grado de plasticidad y puede inducir reajustes en la señalización cerebral para suplir en lo posible las deficiencias derivadas de la inmovilidad (Dupont *et al.*, 2005).

Con los años disminuye la plasticidad cerebral y será más difícil adaptarnos a la falta de actividad física. Intentemos siempre hacer ejercicio físico adaptado a nuestras posibilidades, pero con el objetivo puesto en cubrir la cantidad e intensidad recomendadas para nuestra salud. Si con los años ya no nos es posible andar, se pueden hacer otros movimientos. En la mayoría de actividades físicas y deportes se favorecen determinados grupos musculares, según sean los principales movimientos. Toda actividad es beneficiosa.

CAPÍTULO 7

Actividad física contra la enfermedad de Alzheimer, otras demencias y enfermedades psiquiátricas

La demencia que puede aparecer en los años de la vejez

Una de las cosas que tememos al adentrarnos en la tercera edad es perder la memoria y otras facultades cognitivas como el razonamiento, la comprensión de las ideas en una conversación, etc., es decir, sufrir una demencia. El término demencia agrupa un conjunto de trastornos crónicos o persistentes de los procesos mentales causados por una enfermedad o lesión cerebral que cursan con trastornos de la memoria, cambios de personalidad y razonamiento deteriorado[5]. En adultos jóvenes, los casos de demencia son muy poco frecuentes y se deben en general a enfermedades neurológicas hereditarias, como la enfermedad de Alzheimer en su variante minoritaria —causada por mutaciones autosómicas dominantes de los genes APP, PSEN1 y PSEN2—, a traumas y lesiones o a otras enfermedades sistémicas. Sin embargo, la situación cambia con la edad: entre el 5 y 7% de

---

5. Puede consultarse la Guía Oficial de Práctica Clínica en Demencias de la Sociedad Española de Neurología (2018) para una excelente visión actualizada de las distintas demencias.

mayores de 60 años sufre demencia y se estima que habrá aproximadamente 75 millones de personas afectadas en 2030 y 131,5 millones en 2050 (World Alzheimer Report, 2015) (figura 7).

La población mundial tendrá un crecimiento de 8500 millones en 2030 a cerca de 10 000 millones en 2050, año en el que se prevé un ritmo más lento y mayor porcentaje de personas en edad avanzada. Si no conseguimos disminuir los casos de demencia con mayor prevención y terapias efectivas, esta patología adquirirá una dimensión de epidemia en las próximas décadas, principalmente en los países en vías de desarrollo con menos recursos económicos para el cuidado de los enfermos.

FIGURA 7

Estimación de los casos de demencia en el mundo según el aumento previsto de la población. El mayor incremento de casos se dará en los países en desarrollo, con ingresos económicos bajos y medianos.

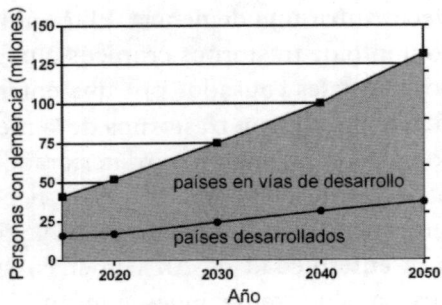

La principal causa de demencia y discapacidad en personas mayores es la enfermedad de Alzheimer; nos referimos aquí al Alzheimer esporádico, que es la variante más frecuente de la enfermedad, de aparición tardía y de origen desconocido, aunque sabemos mucho acerca de sus mecanismos y procesos patológicos. La enfermedad de Alzheimer constituye entre un 50 y un 60% de las demencias, con unas 800 000 personas afectadas en España en 2019 (Sociedad Española de Neurología, 2019). Por su parte, la demencia vascular representa un 5-10% de los casos de demencia. Ambas enfermedades, por tanto, suman la mayoría de casos de demencia en la tercera edad. También entre los mayores hay casos de demencias causadas por otras enfermedades más minoritarias y de demencias mixtas. Además, aproximadamente el 15% de la población mayor de 65 años sufre deterioro cognitivo leve, aunque con afectación mínima de la capacidad de realizar las actividades instrumentales de la vida diaria. Se estima que en la mitad de estos pacientes la causa es la enfermedad de Alzheimer, ya que en análisis específicos se detectan cambios neuropatológicos de la misma. Según sea la causa, el deterioro cognitivo leve puede progresar a demencia de Alzheimer, puede mantenerse estable o revertir a condiciones neurológicas normales (Petersen *et al.*, 2018). El porcentaje de afectados por deterioro cognitivo leve y por la enfermedad de Alzheimer aumenta progresivamente con la edad. A los 80-85 años, la prevalencia aproximada de casos es del 25% para el deterioro cognitivo leve y del 10% para la enfermedad de Alzheimer (Petersen *et al.*, 2018; McDowell, 2001).

Factores que incrementan el riesgo de sufrir demencia

El principal factor de riesgo de sufrir demencia es la edad. La incidencia de la enfermedad de Alzheimer y de la demencia vascular aumentan con la edad en los países desarrollados y en vías de desarrollo (Kalaria *et al.*, 2008). Hemos visto que las alteraciones cerebrales en el envejecimiento normal solo representan una ligera merma de algunas facultades; sin embargo, pueden ser terreno abonado para el desarrollo de procesos patológicos y enfermedades neurodegenerativas. El origen de la enfermedad de Alzheimer podría ser multifactorial, por una combinación de deterioro celular del envejecimiento, susceptibilidad genética y factores ambientales (Rezazadeh *et al.*, 2019). La combinación de alteraciones cerebrales podría desencadenar la aparición de los rasgos neuropatológicos característicos de la enfermedad con acúmulos de dos proteínas, beta amiloide y tau, en placas amiloides y ovillos neurofibrilares, respectivamente. En estos enfermos, el tejido cerebral degenera y las neuronas mueren.

En la demencia vascular, el deterioro de los vasos sanguíneos cerebrales y deficiencias en la microcirculación cerebral puede llevar a la pérdida funcional y muerte de las neuronas de las áreas cerebrales afectadas. Con ello aparecen los problemas cognitivos y la demencia de tipo vascular.

Bajo nivel de educación escolar, tener un empleo poco cualificado y actividades de ocio que impliquen baja estimulación cognitiva aumentan el riesgo de pérdida cognitiva y demencia de Alzheimer. Por el contrario, mayor número de años académicos, una profesión cualificada, relaciones sociales frecuentes y satisfactorias retrasarían la aparición del Alzheimer, sin disminuir los cambios patológicos cerebrales, debido al aumento de lo que se conoce como reserva cognitiva. El concepto de reserva cognitiva nació como una construcción teorizada para explicar la discrepancia entre el deterioro cerebral observado y los resultados clínicos finales. Se considera como la capacidad de los circuitos neuronales para activar procesos funcionales que compensan el deterioro estructural relacionado con la edad, la neurodegeneración u otras patologías cerebrales (Stern y Barulli, 2019). Junto a la compensación por reserva cognitiva, diversos estilos de vida, pero especialmente una actividad física regular y una dieta adecuada, pueden aumentar la resistencia al propio desarrollo de las patologías cerebrales al activar mecanismos que contribuyen a mantener la estructura y funciones cerebrales (Montine *et al.*, 2019).

Por su parte, deficiencias en el estado de salud metabólica y cardiovascular, como obesidad e hipertensión, y un sueño poco reparador a partir de los 45-65 años pueden contribuir al desarrollo de los cambios patológicos cerebrales causantes de demencia. A edades avanzadas, también el sedentarismo, el hábito de fumar, el aislamiento social, la diabetes y la depresión son factores de riesgo en el desarrollo de demencia (Livingston *et al.*, 2017).

En la enfermedad de Alzheimer, como en otras demencias y enfermedades crónicas asociadas a la edad, hay una interacción genes-ambiente, es decir, entre los factores genéticos y los estilos y condiciones de vida a lo largo de los años. Los mecanismos epigenéticos tienen un papel importante en ejecutar los efectos de los factores no genéticos. En estudios de longevidad, se ha demostrado que estos factores (ejercicio físico, dieta, condiciones psicosociales, etc.) contribuyen aproximadamente en un 50% a la diferencias de supervivencia, y los genes en un 25% (Rea *et al.*, 2016). En algunas enfermedades, como la diabetes y el cáncer, los factores no genéticos pueden llegar al 80-90%. Sin embargo, cuando se trata de cognición y enfermedades complejas como el Alzheimer, la contribución ambiental es difícil de establecer. Los factores genéticos están en estudio y se han detectado diversos genes con alelos que suponen un aumento del riesgo en los individuos portadores, como por ejemplo el gen APOE. Ello no es óbice para que podamos considerar los factores de riesgo no genéticos de gran importancia para modificar el origen y el curso de la enfermedad (figura 8).

Figura 8
Factores que constituyen el riesgo de sufrir demencia. Los factores
modificables por el estilo de vida y la evolución de la salud
(en cuadros) contribuyen de forma variable según los individuos,
pero significativa, en el total del riesgo.

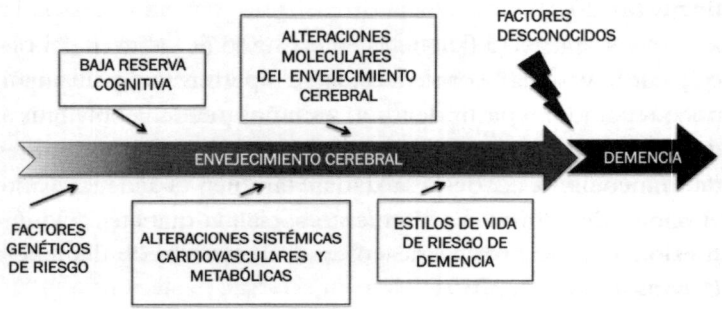

El ejercicio físico reduce el riesgo de sufrir la enfermedad de Alzheimer

Hablamos de disminución del riesgo o de retrasar la aparición
de la enfermedad de Alzheimer, ya que no se conoce hasta
ahora ninguna terapia efectiva. La enfermedad tiene un largo
periodo silente de hasta 10 o 20 años, en los cuales se va de-
sarrollando la patología cerebral sin que se detecte todavía
ningún trastorno cognitivo. Debemos pues intentar frenar la
enfermedad mucho antes de que aparezcan sus síntomas.
Algunos cambios en nuestro estilo de vida pueden ser cruciales para aumentar la resiliencia cerebral contra la demencia.
En efecto, el estilo de vida en cuanto a no fumar, seguir una
dieta sana, consumir alcohol moderadamente y practicar actividad física regular disminuye el riesgo de desarrollar Alzheimer a partir de los 60 años, independientemente de la predis-
posición genética de cada uno (Lourida et al., 2019).
La mayoría de los numerosos estudios clínicos realizados,
tanto de intervención como poblacionales, han demostrado

que el ejercicio físico aeróbico disminuye el riesgo de pérdida cognitiva y de desarrollar la enfermedad. Entre los más destacados, en un estudio de seguimiento durante cuatro años en más de 700 hombres y mujeres de alrededor de 80 años en el que se controló la actividad física total diaria, se observó una disminución de la incidencia de casos de Alzheimer asociada con mayor actividad (Buchman *et al.*, 2012). También un estudio en más de 2000 hombres de 71-93 años que realizaban actividades poco intensas, como andar al menos 3 kilómetros diarios, mostró que disminuía el riesgo de sufrir la enfermedad en comparación con andar menos de medio kilómetro (Abbott *et al.*, 2004). Es interesante destacar que las actividades físicas de ocio realizadas en edades anteriores, en la década de los cincuenta, disminuyen en el riesgo posterior de sufrir Alzheimer, tal como se demostró en un estudio en 1500 hombres y mujeres de 65-79 años (Rovio *et al.*, 2005). En la caracterización del tipo de ejercicio, las actividades diarias de aeróbico y mente-cuerpo resultaron efectivas para disminuir el riesgo de desarrollar demencia, pero no los ejercicios de estiramiento y tonificación (Lee *et al.*, 2015).

El retraso en la aparición de la demencia de Alzheimer con una vida físicamente activa es indiscutible. Incluso se ha demostrado que la actividad física disminuye los marcadores patológicos de la enfermedad que aparecen en la fase silente de la misma, previamente a la aparición de cualquier síntoma de pérdida de memoria. En efecto, en una cohorte de más de 500 adultos cognitivamente sanos de edad promedio de 70 años, una mayor actividad física estaba asociada a menor acumulación de la proteína beta amiloide (Brown *et al.*, 2013). Otros estudios han detectado menor disminución de grosor en la corteza cerebral (Rabin *et al.*, 2019).

Que el ejercicio evita la pérdida de volumen cerebral y atrofia con el envejecimiento es de sobra conocido, pero el hecho de que disminuya la proteína que compone las placas amiloideas típicas de la enfermedad es una buena prueba de sus efectos preventivos frente al desarrollo de la enfermedad de Alzheimer. Incluso el ejercicio físico es terapia recomendada en el deterioro cognitivo leve (Petersen *et al.*, 2018). Una vez que ha aparecido la enfermedad, el ejercicio físico podría inducir una ligera mejora cognitiva en una etapa inicial. En un metaanálisis de 18 estudios clínicos con pacientes de Alzheimer y otras demencias se concluyó un efecto positivo de intervenciones de ejercicio aeróbico sobre la cognición y principalmente sobre las actividades instrumentales de la vida diaria (Groot *et al.*, 2016). Sin embargo, la mayoría de terapias de ejercicio físico ensayadas en pacientes de Alzheimer en fase moderada no han conseguido frenar la progresión de la enfermedad. El ejercicio físico tampoco parece modificar la patología cerebral, como se observó en el análisis *post mortem* de 454 autopsias de pacientes con demencia de Alzheimer y otras demencias, aunque los pacientes con mayores niveles de actividad diaria y habilidades motoras sí habían mostrado mejores respuestas cognitivas (Buchman *et al.*, 2019).

La baja respuesta de los enfermos contrasta con los buenos resultados en los modelos animales de la enfermedad. Los ratones transgénicos de Alzheimer que corren diariamente en una rueda de ejercicio muestran una excelente memoria y la disminución de los rasgos neuropatológicos como consecuencia de los cambios cerebrales inducidos por el ejercicio (Revilla *et al.*, 2014). Incluso si se inicia la terapia en una etapa de patología avanzada, los resultados son positivos (García-Mesa *et al.*, 2016). Debemos tener en cuenta que los modelos animales solo son indicativos de la eficacia de las terapias sobre mecanismos concretos de la enfermedad, no de la multiplicidad de cambios que tienen lugar durante su largo proceso de desarrollo. Probablemente debido a la complejidad de la enfermedad humana, las terapias que han tenido éxito en modelos experimentales no han sido efectivas en los estudios clínicos en pacientes y los ensayos se están desplazando a individuos en riesgo de sufrir Alzheimer o con deterioro cognitivo leve.

El ejercicio físico, con sus múltiples efectos y beneficios sistémicos y cerebrales, ha demostrado ser una terapia no farmacológica preventiva contra el deterioro cognitivo y el riesgo de padecer Alzheimer asociados a la edad avanzada. Sin embargo, otros estilos de vida también pueden contribuir a disminuir el riesgo de neurodegeneración, como son la dieta y la estimulación cognitiva.

Una dieta equilibrada con abundancia de elementos nutritivos y antioxidantes como la dieta mediterránea y actividades de ocio o sociales estimulantes intelectualmente contribuyen a mantener despierta la mente. En estudios clínicos recientes de estilo de vida se han aplicado intervenciones múltiples para obtener el efecto máximo posible. Destacaremos dos de ellos: en el primero, el FINGER (Finnish Geriatric Intervention Study to Prevent Cognitive Impairment and Disability) se hizo un seguimiento a más de 1.200 hombres y mujeres finlandesas de 66-77 años durante dos años (Ngandu et al., 2015). La mitad siguió una dieta mediterránea, realizó ejercicio aeróbico 3-5 veces a la semana y ejercicio de fuerza 2-3 veces a la semana, ejercicios de entreno cognitivo 2-3 veces por semana y además se controlaron periódicamente las constantes metabólicas y vasculares; la otra mitad, el grupo control, solo recibió consejos de salud. El grupo de tratamiento tenía al final de los dos años una respuesta mejor en memoria, toma de decisiones y rapidez de procesamiento mental que el grupo control.

En el segundo estudio, 160 hombres y mujeres norteamericanos de más de 55 años con factores de riesgo cardiovascular y problemas subjetivos cognitivos se distribuyeron en grupos de intervención con ejercicio aeróbico, dieta definida para evitar hipertensión (DASH, Dietary Approaches to Stop Hypertension), ambas intervenciones o control durante seis meses (Blumenthal et al., 2019). Ambas intervenciones fueron beneficiosas pero la mayor disminución de la incidencia de demencia y el aumento global de funciones mentales ejecutivas correspondió a la intervención combinada. Estos estudios clínicos demuestran la importancia de disminuir los comportamientos perjudiciales para la salud y la necesidad de poner en marcha un estilo de vida que disminuya el riesgo de desarrollar Alzheimer. Frente a la multitud de resultados negativos hasta el momento en los ensayos clínicos de nuevos fármacos, la prevención es el mejor camino para evitar los casos de Alzheimer que se prevén con el aumento de la esperanza de vida. El aumento de actividad física hasta llegar a los mínimos recomendados y la disminución del sedentarismo son aspectos importantes de un estilo de vida saludable.

El ejercicio físico reduce el riesgo de demencias y lesiones cerebrales de origen vascular

El ejercicio físico tiene un gran impacto para mantener la elasticidad y disminuir la inflamación y el estrés oxidativo de los vasos sanguíneos (Luca y Luca, 2019). Como consecuencia, un estilo de vida activo contribuye a proteger de la arteriosclerosis y los accidentes vasculares cerebrales como el ictus y la hipoperfusión cerebral crónica que pueden inducir pérdida cognitiva y demencia. Hay un consenso en que la actividad física puede disminuir el riesgo de sufrir demencia de origen vascular, aunque los resultados de los diversos estudios de poblaciones son irregulares (Aarsland *et al.*, 2010). Sí está establecido que una terapia de ejercicio físico contribuye a la recuperación de la funcionalidad cerebral y la movilidad tras un ictus (Pogrebnoy y Dennett, 2020).

No debemos olvidar que el ejercicio es una buena medicina para mantener el buen estado funcional de la red vascular a todas las edades (Green y Smith, 2018), incluyendo los microcapilares cerebrales, y con ello contribuir a ahuyentar las disfunciones cerebrales y la demencia asociada al envejecimiento.

El ejercicio físico contribuye a mantener el bienestar psicológico y a proteger de alteraciones psiquiátricas

De nuevo, cuando hablamos de los beneficios del ejercicio físico sobre el estado de ánimo y las alteraciones psiquiátricas es recomendable establecer los patrones óptimos de actividad. Específicamente, los máximos beneficios se proponen en 45 minutos de ejercicio aeróbico 3-5 días por semana, a partir de un estudio de más de un millón de ciudadanos adultos norteamericanos que referían su estado subjetivo de salud mental y el ejercicio realizado el mes anterior (Chekroud *et al.*, 2018). Este patrón de ejercicio óptimo se encuentra alrededor de las recomendaciones mínimas para obtener un buen estado físico y de salud cardiovascular de la OMS y otros organismos es de 150 minutos semanales de intensidad moderada repartidos en varios días. Es interesante destacar que los deportes de equipo moderados proporcionaron la máxima autopercepción de salud mental y bienestar en el estudio anterior. En el otro extremo, se sabe que un ejercicio intenso individual puede ser contraproducente y llevar a la depresión. Por tanto, no solo la cronicidad y la intensidad adecuadas son importantes, sino también el tipo de ejercicio.

Los múltiples cambios hormonales del organismo inducidos por el ejercicio físico, entre ellos el aumento de secreción de endorfinas y otros opioides endógenos que proporcionan bienestar y regulación de las hormonas de estrés, se suman al mejor equilibrio de los neurotransmisores y al aumento de la funcionalidad cerebral. Todo ello mejora el estado de ánimo, autoestima y equilibrio psicológico en su conjunto (Graham *et al.*, 2008). Además, la actividad física moderada practicada durante el día facilita el sueño reparador, en un ciclo autoalimentado de disminución de estrés y aumento de salud mental. La potenciación del sueño reparador por el ejercicio físico es un efecto importante que contribuye a ahuyentar enfermedades, sobre todo en periodos de estrés y con el avance de los años, en que se hace más difícil conciliar el sueño (De Castro Toledo Guimaraes *et al.*, 2008).

Entre las enfermedades psiquiátricas, una de las más comunes es la depresión y existen evidencias de un efecto antidepresivo del ejercicio físico (Blumenthal *et al.*, 2012). El ejercicio físico también se ha demostrado beneficioso incluso en pacientes con depresión mayor. Así, en un estudio con 156 hombres y mujeres mayores de 50 años, el ejercicio físico aeróbico durante 16 semanas demostró un grado de reducción de la depresión similar al del tratamiento farmacológico (Blumenthal *et al.*, 1999). En otro estudio con 121 hombres y mujeres de 68-75 años, también con depresión mayor, la combinación de ejercicio físico con tratamiento farmacológico antidepresivo demostró mayores beneficios que el tratamiento farmacológico (Murri *et al.*, 2018). En un estudio longitudinal de seis años de duración en 667 hombres y mujeres sanos mayores de 50 años se observó que el 36% del grupo sin actividad física desarrollaba síntomas depresivos; sin embargo, este porcentaje de afectados se reducía al 18% en el grupo de mayor actividad, que consistía en cuatro horas semanales de ejercicio aeróbico (Lerche *et al.*, 2018).

Los pacientes con depresión están desmotivados y son especialmente inactivos, pero siempre puede desarrollarse un programa de actividades y ejercicio aeróbico que les ayude a iniciar y mantener un nivel suficiente de ejercicio físico en sus vidas (Blumenthal *et al.*, 2012). En otras enfermedades psiquiátricas, el ejercicio físico puede ser beneficioso al disminuir la ansiedad y la agitación y crear una percepción más equilibrada del propio yo. En general, el ejercicio físico es una buena terapia complementaria o preventiva de las alteraciones psiquiátricas.

CAPÍTULO 8

Nuevos avances y perspectivas en la relación entre cerebro y ejercicio

Mantengamos un ejercicio físico crónico

Nuevos estudios científicos y clínicos van apareciendo de forma continuada para sumar conocimiento y evidencias sobre las bondades del ejercicio físico para el cerebro. Un estilo de vida físicamente activo se asocia a un mejor rendimiento cognitivo y a la mejora de la salud mental y a su mantenimiento a lo largo de los años. Es importante destacar que se trata de una asociación causal, es decir, los procesos fisiológicos que se ponen en marcha en el músculo, en todo el organismo y en el propio cerebro tienen un efecto directo en el buen funcionamiento cerebral. El ejercicio induce un efecto beneficioso global para el organismo, pero seguiremos centrándonos en el cerebro como órgano de nuestro yo y que por su complejidad precisa de atención especial.

El conocimiento científico actual sustenta que el ejercicio físico es esencial para el desarrollo de toda la potencialidad de la mente y la personalidad. Además, puede considerarse una terapia no farmacológica contra el envejecimiento cerebral y diversas enfermedades neurológicas. Su efecto preventivo o ralentizador de disfunciones y patologías cerebrales es indiscutible. Sin embargo, el camino para prescribirlo es todavía largo y las investigaciones continúan. En las pantallas de salas de espera de hospitales y consultas médicas ya se recomienda realizar ejercicio físico como parte de un estilo de vida saludable. Se sugieren las indicaciones generales citadas de la OMS de 150 minutos semanales de ejercicio aeróbico de intensidad moderada, más algunos ejercicios de fuerza y equilibrio a edad avanzada. Es un paso importante que se tome conciencia de la necesidad de un estilo de vida activo para mantener la salud, pero debemos dar un paso más para nuestro cerebro. La experimentación en animales de laboratorio demuestra que el ejercicio físico requiere un tratamiento crónico. En roedores, los beneficios cerebrales se obtienen en tratamientos mantenidos entre uno y seis meses según los estudios y los modelos de enfermedad. Traducido a la vida humana, estamos hablando de entrenamientos de entre 3 y 20 años. Actualmente se intensifican las investigaciones clínicas longitudinales de varios años con intervenciones controladas con acelerómetro u otros equipos. Aun así, los beneficios detectados son en general mayores en estudios transversales en que se recopilan datos clínicos en un momento específico, pero la cantidad de ejercicio informado puede incluir muchos años anteriores. Preparémonos pues para incorporar el ejercicio físico a nuestra rutina diaria durante toda la vida.

Combinemos distintos tipos de aeróbico y fuerza

Existen numerosas evidencias, como hemos comentado en los capítulos anteriores, de que toda actividad física a nivel moderado será beneficiosa para el cerebro. Incluso actividades ligeras ya generan beneficios en individuos poco entrenados o en adultos frágiles. Sin embargo, el avance de las investigaciones va desvelando que distintos tipos de ejercicio activan de forma preferencial diferentes circuitos neuronales.

El ejercicio aeróbico es el recomendado hasta el momento como más completo y que genera mejores respuestas en la funcionalidad cerebral y contra el deterioro cognitivo. Pero la investigación sigue. En la lucha contra la depresión, el trastorno psiquiátrico más común y devastador, se confirman las evidencias a favor del ejercicio aeróbico (Correia *et al.*, 2024). Además, el entrenamiento de intervalos de alta intensidad o HIIT es aún más efectivo que el aeróbico moderado en reducir la depresión en adultos jóvenes (Borrega-Mouquinho *et al.*, 2021). Una intensidad relativamente elevada podría ser importante en este trastorno y estados relacionados de ansiedad y estrés.

Los entrenamientos de fuerza han adquirido gran difusión en los últimos años, principalmente entre los adultos jóvenes, para conseguir buena forma física. No se trata solo de levantamiento de pesas; las modalidades se multiplican dentro y fuera de los gimnasios. Conocemos la relación entre músculo y cerebro y, por tanto, la activación de la musculatura necesariamente inducirá beneficios cerebrales. Existen pocos estudios científicos en animales de laboratorio porque los roedores pueden correr en rueda de ejercicio o en cinta rodante, pero es más complicado reproducir un entrenamiento de fuerza. Lo más cercano son ejercicios de resistencia con arrastre de un peso mientras el ratón sube una escalera. Efectivamente, esta estrategia disminuyó la inflamación cerebral y mejoró la memoria en ratones transgénicos de Alzheimer (Liu *et al.*, 2024).

En hombres y mujeres de edad avanzada, el entrenamiento con bandas elásticas de tipo Thera-Band indujo mejora cognitiva, aunque se obtuvieron mejores resultados con un programa de ejercicios combinado (Ho *et al.*, 2024). En este estudio se sugiere un efecto sinérgico entre ejercicio aeróbico y de fuerza, lo cual estaría en consonancia con las nuevas investigaciones que les atribuyen mecanismos parcialmente diferenciales. En efecto, en un metaanálisis de estudios clínicos con pacientes con deterioro cognitivo leve se concluyó que ambos tipos de ejercicio físico inducen mejora cognitiva, aunque un entrenamiento multicomponente es más eficaz en la protección cognitiva global y específicamente en memoria y funciones ejecutivas (Huang *et al.*, 2022). Por tanto, se sugiere un programa de ejercicio variado para obtener los máximos beneficios cerebrales. Quizás podemos hacer el paralelismo con una dieta de calidad que debe incluir una buena variedad de nutrientes para que sea completa.

Respetemos el umbral de hormesis

Respecto a la dosis, se ha confirmado recientemente el efecto hormético de los beneficios cerebrales del ejercicio físico. En un estudio clínico con más de 70 000 adultos de edades comprendidas entre 40 y 79 años, se realizó un seguimiento de los pasos diarios con acelerómetro de muñeca durante cerca de siete años (Del Pozo Cruz *et al.*, 2022). La posterior comparación de estos datos con la aparición de demencia de cualquier origen demostró un punto de inflexión en la dosis-respuesta (figura 9). La dosis óptima, valorada como la que induce una máxima reducción en la incidencia de demencia, fue de 9826 pasos totales diarios. Ahora bien, es muy importante constatar que estamos en un umbral de hormesis, establecido ligeramente por debajo de los 10 000 pasos, y el aumento adicional en el número promedio de pasos diarios revertirá los beneficios cerebrales conseguidos en la prevención contra el desarrollo de demencia. Además, el 50% de beneficio se obtuvo con 3800 pasos diarios. En conjunto, estos resultados se encuentran cercanos a las franjas de actividades que se han visto beneficiosas para el cerebro en diversos estudios de envejecimiento, pérdida cognitiva leve y enfermedades psiquiátricas. Probablemente un umbral de hormesis similar aplicará en todos los casos.

Es curiosa la coincidencia del umbral de hormesis con los míticos 10 000 pasos para estar en forma. El origen de la meta de los 10 000 pasos diarios fue una campaña publicitaria japonesa del primer podómetro de la historia en los años sesenta. Debemos estar atentos a las recomendaciones que se reproducen en los medios sin ninguna base científica.

FIGURA 9

Dosis-respuesta entre el número de pasos diarios y la incidencia de demencia por todas las causas. Se indica el índice calculado a cada dosis de ejercicio y el intervalo de confianza del 95%. El modelo se ajustó estadísticamente por las variables de edad, sexo, salud, alimentación y otros estilos de vida.

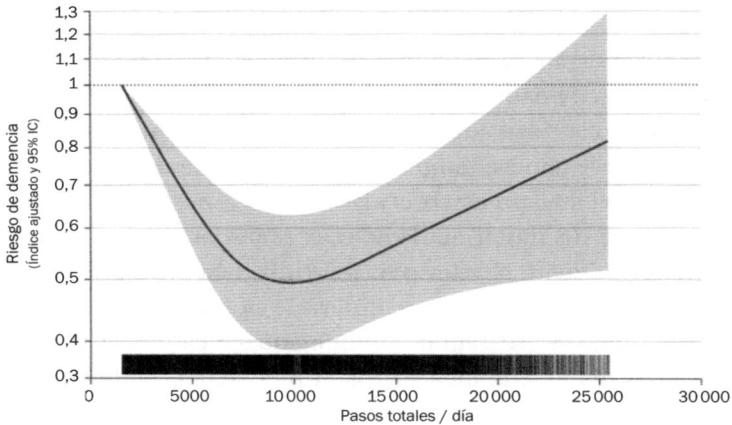

FUENTE: ADAPTADO DE DEL POZO CRUZ ET AL. (2022), JAMA NEUROLOGY.

Finalmente, la intensidad también cuenta y realizar algunos intervalos cortos diarios de más de 40 pasos por minuto será beneficioso. Sin embargo, de nuevo debemos insistir en los peligros de un exceso de entrenamiento físico, principalmente para la salud cardiovascular. Los últimos estudios han establecido un aumento del riesgo de mortalidad a partir de 4,5 horas semanales de práctica recreativa de deportes (Schnohr et al., 2021).

La cuantificación del ejercicio aeróbico en los distintos estudios descritos es orientativa y puede variar según las cohortes y tipos de actividades. Por lo tanto, si utilizamos dispositivos de medida no debemos obsesionarnos con cumplir una meta día a día. Además, la calidad del entrenamiento es esencial. Recordemos también que es importante combinar distintos tipos de ejercicio. El ejercicio de fuerza está menos estudiado, pero podemos predecir que también estará sujeto a un umbral de hormesis. Los deportistas superarán estos umbrales y deberán estar atentos a su condición física y a su salud.

Evitemos estar sentados largas horas

No se trata solo de mantener un estilo de vida activo en el ocio y las actividades del día a día. Ya presuponemos que se realiza una cantidad adecuada de ejercicio físico semanal. Sin embargo, permanecer largas horas seguidas sentados es perjudicial para nuestro cerebro y la salud en general. No se trata únicamente de limitar actividades sedentarias de tipo pasivo como estar frente al televisor. También debemos limitar los periodos de actividades sedentarias de tipo intelectual como trabajar con un ordenador, aunque en este caso el riesgo de demencia sea mucho menor (Raichen *et al.*, 2022). Igual que en su día se tomó conciencia de que fumar es perjudicial y se promovieron cambios sociales, debería pasar lo mismo con las actividades profesionales que requieren estar sentado toda la jornada. Algunas empresas han ensayado pausas cortas de ejercicio agudo cada pocas horas con buenos resultados en el rendimiento de los profesionales empleados. La realización de pausas de ejercicio cada 3-5 horas mejora el rendimiento intelectual al retomar las tareas interrumpidas, incluyendo memoria, atención y función ejecutiva (Li *et al.*, 2022). Estas pausas de actividad física, coloquialmente conocidas como "*snacks* de ejercicio", están en fases iniciales de caracterización y se precisa continuar el estudio de los tipos de ejercicio más adecuados.

Los *snacks* de ejercicio son adecuados en las actividades educativas y de ocio sedentarias. En jóvenes y adolescentes, las pausas en el estudio con ejercicios cortos e intensos, tipo HIIT, facilitarían la atención y el rendimiento intelectual. Serían un complemento adecuado a las necesidades de un buen programa de actividades deportivas, como hemos comentado.

Adquirir el hábito de realizar *snacks* de ejercicio es una forma de integrar la actividad física a la rutina diaria, y los resultados son muy ventajosos. Sin duda se irán extendiendo en las sociedades más concienciadas con la salud.

No repitamos los errores de baja actividad física de la pandemia de COVID-19

La OMS declaró la nueva enfermedad infecciosa causada por el coronavirus del síndrome respiratorio agudo grave de tipo 2 (COVID-19) como una emergencia de salud pública internacional el 23 de enero de 2020. Ese mismo día se decretó cuarentena para los habitantes de la ciudad china de Wuhan, el supuesto epicentro de los contagios. El virus se extendió rápidamente por diversos países y la OMS lo caracterizó como pandemia el día 11 de marzo. A continuación, diversos países occidentales decretaron cuarentenas más o menos estrictas, incluido el confinamiento domiciliario de varios meses. Hubo un primer encierro en 2020 y un segundo encierro, más restringido, en 2021. La OMS decretó el fin de la emergencia internacional por COVID-19 el 5 de mayo de 2023. En el punto álgido de la pandemia se cerraron las instalaciones deportivas y se limitaron las actividades sociales y deportivas.

Los efectos de la enfermedad en sí y del aislamiento social para evitar el contagio fueron devastadores para la salud de la población de todas las edades. En concreto, la disminución de la actividad física amplificó los problemas de salud mental, principalmente entre los colectivos de mayores frágiles y de adolescentes. Entre los adultos mayores se teme que pueda aparecer un aumento de la incidencia de demencia en los próximos años, en parte influida por los problemas neurológicos causados por la infección, pero amplificada por las consecuencias del aislamiento e inactividad física. Especialmente preocupante es la salud mental de los adolescentes que por su estado de maduración cerebral son los que más sufrieron el aislamiento social y la falta de actividad física. Además, sabemos lo importante que es mantener un nivel adecuado de actividad física a todas las edades y lo difícil que va a ser deshacer los hábitos sedentarios adquiridos. Muchos jóvenes cambiaron desgraciadamente sus hábitos de ocio hacia un mayor uso de pantallas y dispositivos electrónicos que todavía se mantiene de forma preferencial, con disminución del ocio deportivo.

Hay acuerdo en que la adherencia a las recomendaciones generales de ejercicio físico proporciona resiliencia contra la enfermedad de COVID-19, traducida en menor incidencia y hospitalizaciones. Incluso parece ser beneficioso contra las afecciones del COVID-19 persistente. De nuevo, se demuestran los beneficios preventivos y terapéuticos del ejercicio. Por lo tanto, no olvidemos la necesidad de dar prioridad a un entrenamiento físico como coadyuvante de salud física y mental en futuros casos de encierro domiciliario y diseñar las recomendaciones pertinentes (De la Rosa *et al.*, 2022).

Debemos promover entre todos el compromiso político, social y sanitario de facilitar un estilo de vida activo a todas las edades y supuestos. Mientras tanto, mantener un nivel adecuado de ejercicio físico semanal, incluyendo las actividades realizadas durante la jornada laboral y en tiempo de ocio y las prácticas deportivas, es responsabilidad de cada uno.

CAPÍTULO 9

Evolución: la caza

¿Cuánto ejercicio hacían nuestros ancestros? Hemos comentado brevemente en el capítulo 6 que el ejercicio está escrito en nuestros genes. Nuestro esqueleto evolucionó para ser físicamente activos y el cambio metabólico correspondiente facilitó la evolución de nuestro cerebro. Pero ¿sabemos cuánto corrían los neandertales? ¿Existía el sedentarismo en alguna de las poblaciones de homininos (término que hace referencia a nuestros antepasados y al *Homo sapiens* y que junto a orangutanes, gorilas y chimpancés constituyen los homínidos) que vivieron hace cientos de miles de años? Estas preguntas son relevantes no solo desde un punto de vista académico, sino también porque socialmente se ha revitalizado en tiempos recientes un enfoque que atribuye muchos de los males que achacan al ser humano moderno al abandono del estilo de vida que, a lo largo de nuestra evolución, condujo a que seamos como somos actualmente y nos separáramos evolutivamente de los primates. Como ejemplo de este amplio punto de vista, citaremos la polémica dieta paleo, que no pocos famosos deportistas de élite siguen hoy en día, presuntamente debido al beneficioso ajuste de dicha dieta con nuestro metabolismo ancestral. Esta dieta presenta algunos beneficios cardiovasculares, aunque faltarían estudios clínicos a largo plazo en comparación con otras dietas como la mediterránea. Sin embargo, y con la excepción de la dieta, no es tan sencillo extraer informaciones parecidas en otros ámbitos del estilo de vida. Veamos por qué.

A lo largo de la historia de la paleoantropología se han obtenido datos de cuatro fuentes principales de información: 1) los huesos humanos encontrados por los investigadores; 2) restos de diversa índole hallados junto a dichos huesos o independientemente (restos de comida, huesos de otros animales, productos derivados de su comportamiento, como evidencias de fuego); 3) productos de su fabricación o su acción directa (como la industria lítica, la pintura rupestre o las huellas de pisadas); y 4) datos genéticos obtenidos del ADN extraído de algunos de sus huesos fósiles (a ello añadiremos que últimamente también se estudian los isótopos estables del carbono y el nitrógeno para obtener datos sobre la dieta).

Lamentablemente, como cualquier paleoantropólogo puede confirmar, el tipo de información que se puede obtener de estas cuatro fuentes es muy limitada comparativamente hablando. Así, por ejemplo, y centrándonos en lo que nos ocupa, poco o nada podemos saber de aspectos cruciales de su estilo de vida como determinar su grado de sedentarismo o de actividad física, si hacían algo que pudiera parecerse al ejercicio físico tal como lo entendemos hoy o qué lugar ocupaba la actividad física en su vida y la vida del grupo. Así que, como suele ser reglamentariamente habitual en paleoantropología, podemos usar dos aproximaciones conceptuales al estudio de estas preguntas, siempre centrados en un aspecto parcial del ejercicio: caminar o correr, ya que son estos los aspectos que, como vamos a ver a continuación, pueden ser indirectamente analizados para extrapolar información sobre su conducta. La primera aproximación es el análisis de aquellos parámetros de los huesos fósiles que nos informan sobre la capacidad de los homininos para la carrera o la caminata.

La segunda aproximación es el estudio de la antropología social, que durante el siglo XX hizo estudios de campo y aportaciones cruciales acerca de lo que consensuadamente se admite que pudo ser la conducta de los homininos hace decenas o centenares de miles de años. En cuanto a las capacidades de los homininos para caminar largas distancias, y más específicamente para la carrera, existen numerosas evidencias en el registro fósil de los huesos de *Homo* que nos informan de la evolución de una superior capacidad para caminatas de larga distancia y la carrera de resistencia a lo largo de la transición entre *Australopithecus* y *Homo heidelbergensis*, entre hace un millón y 600 000 años. Entre los parámetros cuyos cambios evolutivos han sido más determinantes en este sentido, se encuentran varios que participan en el coste energético de la carrera, como el tendón de Aquiles, el arco longitudinal del pie o la longitud de la zancada. Otros parámetros inciden en una superior fuerza del esqueleto para resistir el estrés producido por el impacto del pie sobre el suelo, que genera una onda de choque que recorre desde el talón hasta la cabeza, y entre los que se encuentran el área de superficie de las articulaciones grandes en relación con la masa corporal o la robustez de los ejes femorales.

Si bien estos parámetros inciden directamente en la caminata y en la carrera, hay otros aspectos indirectos de la marcha bípeda que influyen notablemente en las mismas, como la estabilidad dinámica del tronco al marchar y, sobre todo, al correr. En este caso, es reseñable la expansión del sacro y el extremo ilíaco de la columna vertebral que mejoran el agarre de músculos grandes como el *erector spinae* o el *gluteus maximus*. Asimismo, la mayor desestabilización inducida por la pérdida de contacto con el suelo durante la carrera, que genera un elevado torque durante la aceleración de las piernas, es compensada por la rotación en sentido contrario del tronco, pero no de la cabeza. Esta notable capacidad de los humanos se debe, por un lado, a un grado de rotación independiente del tronco respecto de la cadera, así como a que la cintura pectoral (clavícula más omóplato) y la cabeza son estructuralmente más independientes comparados con *Pan* y *Australopithecus*, y a que los hombros característicamente anchos del *Homo* son útiles para el balanceo producido por el movimiento de los brazos (que además son más cortos con respecto a la masa corporal que, por ejemplo, los de los chimpancés).

No olvidaremos una característica típicamente humana (y unas pocas especies cuadrúpedas como los caballos) que es una sobresaliente capacidad para disipar calor mediante evapotranspiración mediante glándulas sudoríparas y una cantidad de pelo en todo el cuerpo proporcionalmente reducida. Finalmente, mencionaremos la capacidad anatómicamente característica del ser humano para respirar por la boca durante actividades extenuantes, a diferencia de otros cuadrúpedos e incluso los primates que respiran fundamentalmente por la nariz, lo que confiere a los humanos una compensación por su comparativamente pequeña cavidad nasofaríngea.

Y puesto que esta obra se centra en el cerebro, hemos de añadir aquí la compleja red de circulación venosa craneal, que en seres humanos facilita el enfriamiento de la circulación arterial en el seno cavernoso, antes de entrar en el cerebro. De todo ello podemos concluir, en pocas palabras, que los homininos estuvieron (y estamos) especialmente dotados para largas caminatas y para la carrera comparativamente hablando (y tanto más cuanto más cerca del presente en la escala filogenética, por cuanto *Homo sapiens* es, además, más liviano que sus ancestros).

Lo más relevante de este relato es cuánto conocemos de la evolución de estas características presentes en el ser humano. Malas noticias: existen muy pocas evidencias sólidamente establecidas (debido a la escasez de restos fósiles de los primeros ejemplares del género *Homo*) que testimonien de manera indudable cuándo y cómo se produjo la evolución que llevó a dichos parámetros a adoptar su forma actual en *Homo sapiens*, comparados con *Pan* o *Australopithecus*. Las evidencias acumuladas hasta la fecha apuntan a que los cambios empiezan a ser rastreables en *Homo erectus*, aunque aún existe mucha controversia y debate activo entre los expertos acerca de ello. No cabe duda, sin embargo, que estos parámetros se referirán siempre a aquellos rastreables en el registro fósil y, en todo caso, nunca a la mayoría de los aspectos mencionados en el párrafo anterior, que no pueden ser deducidos fiablemente del estudio de los huesos. Una buena noticia es que existe un amplio consenso en que, en términos generales, estos cambios tienen lugar con el género *Homo*, lo que al menos (y esto no es baladí sino muy relevante para el tema que nos ocupa) coincide con un formidable aumento de la encefalización de nuestro género.

Pero volvamos a la evidencia en respuesta a nuestras preguntas del inicio del capítulo. Hemos repasado aquellas que indican que la evolución condujo a una anatomía (y, como hemos mencionado, también a una fisiología) muy ventajosa para la caminata de larga distancia y la carrera de resistencia. Pero seguimos sin saber realmente cuánto corrían o cuándo caminaban nuestros ancestros largas distancias, ni siquiera sabemos si lo hacían en realidad. Y esto no es una pregunta inútil, por cuanto responderla nos ayudaría a entender si nuestro estilo de vida en el presente (desarrollado fundamentalmente con la agricultura hace entre 15 000 y 10 000 años, y más recientemente, con el estilo de vida moderno de los últimos dos siglos) se ha separado del estilo de vida que a lo largo de un periodo de centenares de miles de años nos llevó a ser la especie que somos. Y esto es así porque dicha discrepancia tendría importancia para determinar si nuestras enfermedades metabólicas adquiridas, algunas de nuestras enfermedades fisiológicas modernas e incluso ciertas enfermedades mentales podrían estar relacionadas con dichos cambios comportamentales.

No tenemos, a fecha de hoy, manera de saber cómo era la conducta de nuestros ancestros a este nivel a partir de sus huesos, sus restos o sus productos derivados hallados en cavernas u otros yacimientos, sus pinturas o huellas, ni de sus restos de ADN (aunque esto puede cambiar rápidamente en el futuro). Sin embargo, nuestro conocimiento de la paleoantropología puede ser combinado con la antropología social del siglo XX, que viene indirectamente en su ayuda.

En la segunda mitad del siglo XX, durante las décadas de los sesenta, setenta y ochenta, se llevaron a cabo análisis de campo de poblaciones humanas vivas con un modo de vida cazador-recolector (Liebenberg, 2006). Existe un razonable consenso académico en que la conducta de estas poblaciones era una inmejorable aproximación al modelo de vida que, a juzgar por las evidencias indirectas halladas en los yacimientos, tenían nuestros ancestros. Desde luego, unos y otros eran cazadores-recolectores y no usaban la acumulación de alimentos ni la agricultura. Como hemos mencionado, extrapolar el modo de vida de ciertas poblaciones de cazadores-recolectores en pleno siglo XX al estilo de vida de hace entre un millón y 15 000 años de antigüedad es sin duda una difícil aproximación (véase más adelante). Pero puesto que no tenemos otra herramienta experimental más fiable, y que además existe amplio consenso en la similitud entre estos dos modos de vida, es sumamente interesante analizar qué es lo que los investigadores hallaron en sus análisis de campo. Para ello, debemos detenernos en los métodos de caza del ser humano, tal como ha sido reportado para estos grupos de cazadores del siglo XX, fundamentalmente las tribus ju/'hoan del desierto del Kalahari y otros bosquimanos.

Sabemos a fecha de hoy que uno de los métodos de caza habitualmente usados por los ju/'hoansis y otros bosquimanos era la caza de persistencia. La caza de persistencia o de resistencia consiste en capturar piezas (casi exclusivamente herbívoros) en espacios relativamente abiertos y áridos (con buena visibilidad a distancia) después de perseguirlas durante kilómetros y durante horas, de manera continua y alternando trote a velocidades moderadas (mientras la pieza se mantenía a la vista) con la exploración del rastro de la pieza (caminando y cuando esta desaparecía de la vista). Este método parece haber sido sistemáticamente empleado durante muchas generaciones por las tribus mencionadas y es compatible con el registro hallado en cavernas o yacimientos con base en la probable alimentación de nuestros ancestros hace miles de años. Pero exactamente ¿cómo y por qué se obtenía la pieza? Aquí los investigadores han recurrido a la fisiología de los cuadrúpedos versus la del género *Homo* descrita en la primera mitad de este capítulo, como comentamos a continuación.

El ser humano, tal como lo conocemos actualmente, ostenta todas las características anatómicas y fisiológicas descritas anteriormente, lo que le hace un eficiente corredor de larga distancia a velocidad moderada. Esta aseveración debe ponerse en contexto con el hecho de que nuestra velocidad punta es muy limitada. Pero si somos eficientes en trayectos de larga distancia durante horas, tanto como limitados en velocidad punta, lo es comparado con los cuadrúpedos que podrían servir como alimento altamente nutritivo (grasa y proteínas) a nuestros ancestros (y a las tribus del Kalahari). No cabe la menor duda de que un ser humano es con total seguridad incapaz de alcanzar a la carrera a un herbívoro sano adulto. Esto puede paliarse de dos maneras: mediante el consumo de cadáveres recientes o mediante el uso de herramientas (desde trampas a piedras o flechas con las que obtener las piezas deseadas).

Aquí haremos un análisis breve de varias consideraciones sobre estas dos soluciones. Primero, téngase en cuenta que nuestra capacidad para elaborar herramientas que permitan abatir una presa no ha existido desde el comienzo de la evolución del género *Homo*, y ni siquiera los ju/'hoansi las utilizaban de manera habitual en pleno siglo XX. Del mismo modo, en cuanto al consumo de carroña, hay que considerar que el ser humano muy probablemente hubiera accedido a los cadáveres después de las hienas o perros salvajes, con mejor vista u olfato y mucho más rápidos, y que ya habrían consumido con toda probabilidad las partes más blandas y nutritivas para cuando llegaran los homininos. Estos deberían conformarse con la médula ósea o el cerebro para lo que, una vez más, necesitarían herramientas. Por todo ello, durante las cacerías de los ju/'hoansis, y quizás durante las cacerías de nuestros primeros ancestros del género *Homo erectus*, el acceso de primera mano a las piezas sería crucial. Por decirlo claramente, la pieza debía ser abatida directamente por los cazadores. ¿Y cómo hacerlo sin herramientas y siendo más lentos que las piezas a abatir? Las trampas parecen un método menos fiable (y más pasivo) que tomar la iniciativa.

La iniciativa de la caza de persistencia solo tiene sentido porque los homininos del género *Homo*, así como las tribus del Kalahari, son capaces de correr a velocidad moderada durante largas distancias gracias a nuestras adaptaciones anatómicas ya descritas y a que somos muy eficaces disipando calor mediante el sudor y enfriando la sangre que llega al cerebro. Lo importante es que somos *más* eficaces que la mayoría de los cuadrúpedos herbívoros que servían de alimento en el Kalahari. Esta es la secuencia de acontecimientos: el cazador detecta la presa (procurando que ocurra en las horas más calurosas del día) y corre detrás de ella, y naturalmente la pieza huye y desaparece de la vista. El cazador (que recordaremos posee un cerebro notablemente mejor dotado que sus ancestros inmediatos, gracias a una mayor cefalización y desarrollo) es capaz de seguir el rastro de la pieza. Es fundamental comprender ahora que la pieza escapa de su vista por su mayor velocidad, pero se detendría pronto ya que no resiste la carrera de larga duración. En cuanto el cazador la divisa de nuevo, se inician ambas carreras y el ciclo comienza de nuevo. Después de varias tentativas similares, la presa acaba exhausta, deshidratada y probablemente desorientada. Los ju/'hoansi solo tienen que correr hasta la pieza una última vez para abatirla sin resistencia.

La caza de persistencia aquí descrita ha sido con toda probabilidad la única situación en la que el ser humano moderno (últimos 15 000 años), más allá de la guerra o la pelea entre iguales, ha utilizado la carrera de velocidad moderada y de larga duración (con intervalos de caminata durante la exploración del rastro de la pieza) como conducta de supervivencia. Es de justicia mencionar que algunos investigadores han convivido con cazadores-recolectores bosquimanos modernos que nunca practican caza de persistencia, si bien estas observaciones se han llevado a cabo en la tribu hadza entre Tanzania y Kenia mientras que los ju/'hoan viven en el Kalahari (véase a continuación por qué esto es relevante). Es más, de confirmarse, sería el indicio más obvio de que la carrera de resistencia podría haber jugado un papel en la vida (y, por tanto, en la supervivencia) de nuestros ancestros homininos durante centenares de miles de años, con la inmensa trascendencia que ello tiene para juzgar si nuestro estilo de vida moderno ha cambiado radicalmente de aquel que nos conformó como especie.

Como suele ocurrir en ciencia, el sano debate científico hace avanzar nuestro conocimiento. En este aspecto, como tantos otros, hay opiniones discrepantes. La crítica más habitual que se hace al postulado de que nuestros ancestros usaron la caza de persistencia es que esta es prácticamente imposible en las áreas geográficas donde habitó el *Australopithecus* (zonas arboladas, siendo Tanzania el punto más al sur donde la mayoría de los restos han sido encontrados)[6] y a que los restos animales encontrados junto a ellos no eran ni animales jóvenes ni viejos, lo que hace muy improbable que la caza de persistencia tuviera éxito, ya que esta postura consideraría

---

6. No debemos olvidar que los *Australopithecus africanus* que vivieron en lo que hoy es Sudáfrica existieron en medios "mixtos" (sabana arbolada).

que solo animales jóvenes y viejos podrían ser capturados. La postura contraria considera que las adaptaciones anatómicas y fisiológicas que hicieron a nuestros ancestros eficientes corredores de larga distancia aparecieron, como hemos indicado, mucho más tarde, con *Homo erectus*, que parece haber vivido en toda la región desde el cuerno de África hasta el sur del continente, incluyendo el actual Kalahari. Pues bien, la dinámica climática del desierto del Kalahari en los últimos 300 000 años ha sido analizada en profundidad, hallándose muchos cambios que incluyen periodos húmedos templados con otros extremadamente secos, áridos y cálidos. Es en esta última situación cuando los homininos que vivieron en la zona hace alrededor de 300 000 años y más (si dicha alternancia de periodos climáticos perduró con anterioridad) pudieron aprovechar las condiciones para la caza de persistencia. Por otra parte, los restos de animales encontrados cerca de restos de *Australopithecus* son demasiado escasos para sacar conclusiones definitivas. Como suele ser habitual, el debate sigue vivo.

No menos importante es que todos estos indicios tienen pormenores que merece la pena analizar. La caza de persistencia podría haber jugado, ciertamente, un papel en el estilo de vida de nuestros ancestros durante miles de años. Pero seguimos sin saber si era común o habitual. Común para todos los miembros del grupo; habitual en cuanto a la frecuencia con que esta práctica se llevaba a cabo. Una vez más, debemos recurrir a las últimas tribus africanas cazadoras-recolectoras del siglo XX. En las publicaciones existentes, podemos apreciar que era seguro que ni los niños antes de la adolescencia ni los adultos de más edad participaban de esta caza. Nos ha llegado solo información parcial acerca de si participaban por igual hombres o mujeres, aunque es muy plausible que así fuera, ya que la potencia muscular no parece ser determinante. Y lo que también parece sólidamente documentado es que no almacenaban comida, por lo que debían ejecutar este sistema de caza a menudo (en algunos grupos, semanalmente), llevándoles uno o a lo sumo dos días a la semana cobrar la pieza.

Todos estos detalles son, obviamente, relevantes para intentar inferir cuánto ejercicio hacían nuestros ancestros si, como indican algunos expertos, también utilizaban este método de caza, así como quién lo hacía. Por la frecuencia con que lo hacían, y por quién lo hacía, huelga decir que no era por ocio sino por necesidad. Pero todo ello es determinante a la hora de correlacionar si nuestras capacidades corporales, anatómicas/fisiológicas y cerebrales evolucionaron en paralelo con una actividad física de resistencia. En cuanto a las capacidades cognitivas, la capacidad de rastreo, así como la de orientación espacial para encontrar la presa y, sobre todo, para volver con el grupo y garantizar con la comida así obtenida su subsistencia, debieron resultar fundamentales, y probablemente se desarrollaron en paralelo con estos métodos de caza.

No menos importante será, en este contexto, considerar que nuestro metabolismo ha coevolucionado durante cientos de miles de años con este estilo de vida, por lo que una mayor inactividad en los últimos pocos miles de años desde la adopción de la agricultura (ni que decir tiene con la epidemia de sedentarismo de las últimas décadas) es probablemente un *shock* metabólico para una especie como la nuestra. No cabe descartar que la incidencia de diabetes de tipo 2, por citar solo un ejemplo, pueda estar muy condicionada por la discrepancia entre nuestro estilo de vida actual y el que determinó nuestra evolución.

Nota final

El ejercicio físico produce beneficios indudables en todo el organismo y, por supuesto, en el cerebro, tanto para su circuitería neural como para su función, como hemos visto a lo largo del libro. Aunque estamos lejos aún de ser capaces de elaborar un régimen personalizado de ejercicio útil para cada ser humano que produzca beneficios para los diferentes sistemas fisiológicos del organismo sin incrementar el estrés, no cabe la menor duda de que el sedentarismo es el enemigo de un cerebro sano y una cognición que extraiga lo mejor de sus capacidades naturales.

En esta obra se ha introducido el concepto de hormesis y se ha descrito con todos los detalles moleculares, celulares y de circuito cerebral, con objeto de proporcionar el sustrato adecuado para llevar a cabo una nota final como la que aquí se aborda. El sedentarismo debe sustituirse por una actividad física (y el ejercicio programado es la mejor manera de conseguirla) que, sin llegar a ser extenuante, produzca el máximo de beneficios físicos, cerebrales y cognitivos. La buena noticia es que muy poco ejercicio (leve o moderado) ya produce extraordinarios beneficios a todos los niveles fisiológicos.

Los mecanismos genéticos (así como los epigenéticos), moleculares (fundamentalmente a nivel de los neurotransmisores sinápticos), celulares (especialmente en lo relativo a la neurogénesis hipocampal adulta o formación de nuevas neuronas en el cerebro después del desarrollo postnatal) y de tejido (circuitería sináptica) descritos en estas páginas constituyen las evidencias de cómo la actividad física y el ejercicio generan innumerables beneficios para nuestro cerebro.

También aparecen explicados los conocimientos actuales de cómo la actividad física y deportiva moldea el cerebro humano y los efectos beneficiosos del ejercicio sobre la cognición, el estado de ánimo y la salud cerebral a todas las edades. De especial relevancia es conocer que un programa adecuado de ejercicio físico regular puede ayudarnos a mantener nuestro cerebro funcionalmente joven y evitar el declive cognitivo que muchas veces se asocia al envejecimiento. Más aún, hemos visto que el ejercicio físico es una terapia no farmacológica que disminuye el riesgo de sufrir la enfermedad de Alzheimer, la demencia de mayor incidencia en la edad avanzada. Por tanto, la adherencia a las recomendaciones y patrones adecuados de actividad física representa un factor de prevención contra la pérdida de memoria en el envejecimiento y las enfermedades neurodegenerativas, y contribuye a conseguir bienestar psicológico y el periodo máximo de vida saludable.

Finalmente, en los dos últimos capítulos se presentan los dos extremos evolutivos de la percepción humana sobre la actividad física. En primer lugar, se destacan los últimos avances en el conocimiento científico y social y las recomendaciones correspondientes para obtener el máximo beneficio para nuestro cerebro de una vida activa físicamente. A continuación, se profundiza en las actividades físicas de nuestros ancestros como demostración de que el ejercicio es una actividad inherente a nuestra especie y de que cerebro y ejercicio evolucionan conjuntamente.

Glosario

Acidosis láctica. Se ha considerado que debido al incremento de producción de ácido láctico por ejercicio intenso, este se convierte en lactato sódico que libera un protón (de ahí la acidez), que conduce a la fatiga. Recientemente se ha cuestionado esta idea, ya que ciertas evidencias indican que es el ATP no mitocondrial el que produce la acidosis, mientras que el aumento de lactato coincide en el tiempo sin ser su causa, y de hecho disminuiría y retrasaría la aparición de fatiga.

Angiogénesis. Generación de vasos sanguíneos.

Dendritas neuronales. Ramificaciones celulares por las que las neuronas reciben información de los terminales de neuronas de otras regiones cerebrales.

Efecto proneurogénico. Consecuencia de algunos estímulos como el ejercicio que producen el incremento de neurogénesis.

Ejercicio aeróbico. Actividad física en que las células musculares obtienen su energía de procesos metabólicos oxidativos; se realiza cuando hay suficiente aporte de oxígeno.

Ejercicio anaeróbico. Actividad física en que las células musculares obtienen su energía de procesos metabólicos glicolíticos; es el caso de la fermentación láctica.

Epigenética. Estudio de los cambios de fenotipo que pueden heredarse aun no estando determinados por cambios en el genoma, es decir, no existiendo cambios en la secuencia del ADN. Estos cambios tienen lugar por la diferente expresión de los genes, pero sin cambiar los genes en sí.

Farmacomiméticos. Fármacos con los mismos efectos de un proceso fisiológico específico (como el ejercicio, por ejemplo) y sin efectos secundarios (o con los mismos que el proceso fisiológico).

Hormesis. Principio de funcionamiento de sistemas, órganos, tejidos, células y procesos fisiológicos de forma dual: a bajas concentraciones de un estímulo se produce una cierta respuesta, mientras que a superiores concentraciones del mismo estímulo, la respuesta cambia o incluso se produce en sentido contrario.

Incidencia. Término epidemiológico que indica los nuevos casos de una condición o enfermedad en una población, durante un periodo de tiempo determinado.

Miocinas. Proteínas liberadas a la sangre por las células musculares al activarse, que se unen a receptores en diversos órganos para transmitir efectos funcionales del ejercicio físico.

Neurociencia traslacional. Rama de la neurociencia que estudia los procesos por los que una intervención (un fármaco o un estilo de vida, por ejemplo) pueden tener consecuencias que sean aplicables a la medicina y al ser humano.

Neurogénesis. En el cerebro adulto, se trata del proceso del ciclo vital de formación de nuevas neuronas, que va desde la existencia y división de las células madre, pasando por la expansión y división de los progenitores, hasta la diferenciación y maduración, así como la entrada en el circuito neural, de las neuronas inmaduras.

Organismos no sésiles. Aquellos que tienen capacidad de movimiento.

Plasticidad sináptica. Propiedad de las sinapsis por la que la eficacia de la transmisión de sus componentes entre los dos terminales sinápticos se modifica en función de su mayor o menor funcionamiento.

Prevalencia. Proporción de individuos con una condición o enfermedad en una población determinada.

Sarcopenia. Enfermedad del músculo esquelético asociada al envejecimiento, que cursa con disminución de la fuerza muscular y de la masa muscular, de origen multifactorial por condiciones patológicas y también por inactividad física.

Sinapsis. Espacios a través de los que dos neuronas se comunican y transmiten la información que circula por el cerebro.

Bibliografía

AARSLAND, D. *et al.* (2010): "Alzheimer's Society Systematic Review group. Is physical activity a potential preventive factor for vascular dementia? A systematic review", *Aging & Mental Health*, 14(4), pp. 386-395.

ABBOTT, R. D. *et al.* (2004): "Walking and dementia in physically capable elderly men", *Journal of the American Medical Association*, 292(12), pp. 1447-1453.

ADAMI, R. *et al.* (2018): "Reduction of Movement in Neurological Diseases: Effects on Neural Stem Cells Characteristics", *Frontiers in Neuroscience*, 12, p. 336.

ALARCÓN-LÓPEZ, F. *et al.* (2018): *Neurociencia, deporte y educación*, Sevilla, Editorial Wanceulen.

ALEXANDER, G. E. *et al.* (2012): "Characterizing cognitive aging in humans with links to animal models", *Frontiers in Aging Neuroscience*, 4(21).

AMERICAN PSYCHOLOGICAL ASSOCIATION (2018): *Stress effects on the body*, disponible en https://bitly.ws/3eqAM.

ARNOLD, A. P. (2020): "Sexual differentiation of brain and other tissues: Five questions for the next 50 years", *Hormones and Behavior*, 120.

AROCHA RODULFO, J. I. (2019): "Sedentary lifestyle a disease from XXI century. Sedentarismo, la enfermedad del siglo XXI", *Clínica e Investigación en Arterioesclerosis*, 31(5), pp. 233-240.

BALISH, S. M.; CONACHER, D. y DITHURBIDE, L. (2016): "Sport and Recreation Are Associated With Happiness Across Countries", *Research Quarterly for Exercise and Sport*, diciembre, 87(4), pp. 382-388.

BARENGO, N. C. *et al.* (2004): "Low physical activity as a predictor for total and cardiovascular disease mortality in middle-aged men and women in Finland", *European Heart Journal*, 25(24), pp. 2204-2211.

BELZA, B. (1994): "The impact of fatigue on exercise performance", *Arthritis Care & Research*, 7(4), pp. 176-180.

BENITO, E. *et al.* (2018): "RNA-Dependent Intergenerational Inheritance of Enhanced Synaptic Plasticity after Environmental Enrichment", *Cell Reports*, 23(2) pp. 546-554.

BESSON, H. *et al.* (2008): "Relationship between subdomains of total physical activity and mortality", *Medicine and Science in Sports and Exercise*, 40(11), pp. 1909-1915.

BIDZAN-BLUMA, I. y LIPOWSKA, M. (2018): "Physical Activity and Cognitive Functioning of Children: A Systematic Review", *International Journal of Environmental Research and Public Health*, 15(4), p. 800.

BLUMENTHAL, J. A. *et al.* (1999): "Effects of exercise training on older patients with major depression", *Archives of Internal Medicine*, 159(19), pp. 2349-2356.

— (2019): "Lifestyle and neurocognition in older adults with cognitive impairments: A randomized trial", *Neurology*, 92(3), pp. e212-e223.

BLUMENTHAL, J. A.; SMITH, P. J. y HOFFMAN, B. M. (2012): "Is exercise a viable treatment for depression?", *ACSMs Health & Fitness Journal*, 16(4), pp. 14-21.

BOLDRINI, M. *et al.* (2018): "Human Hippocampal Neurogenesis Persists throughout Aging", *Cell Stem Cell*, 22(4), pp. 589-599.e5.

BOOTH, F. W.; ROBERTS, C. K. y LAYE, M. J. (2012): "Lack of exercise is a major cause of chronic diseases", *Comprehensive Physiology*, 2(2), pp. 1143-1211.

BORREGA-MOUQUINHO, Y. *et al.* (2021): "Effects of High-Intensity Interval Training and Moderate-Intensity Training on Stress, Depression, Anxiety, and Resilience in Healthy Adults During Coronavirus Disease 2019 Confinement: A Randomized Controlled Trial", *Frontiers in Psychology*, 12, p. 643069.

BROWN, B. M. *et al.* (2013): "Physical activity and amyloid-plasma and brain levels: results from the Australian Imaging, Biomarkers and Lifestyle Study of Ageing", *Molecular Psychiatry*, 18(8), pp. 875-881.

BUCHMAN, A. S. (2012): "Total daily physical activity and the risk of AD and cognitive decline in older adults", *Neurology*, 78(17), pp. 1323-1329.

BUCHMAN, A. S. *et al.* (2019): "Physical activity, common brain pathologies, and cognition in community-dwelling older adults", *Neurology*, 92(8), pp. e811-e822.

BUDZYNSKI-SEYMOUR, E. (2020): "Activity, Mental and Personal Well-Being, Social Isolation, and Perceptions of Academic Attainment and Employability in University Students: The Scottish and British Active Students Surveys", *Journal of Physical Activity and Health*, pp. 1-11.

BULLOCK, A. M. (2018): "The Association of Aging and Aerobic Fitness With Memory", *Frontiers in Aging Neuroscience*, 10, p. 63.

CALVERLEY, T. A. *et al.* (2020): "HIITing the brain with exercise: mechanisms, consequences and practical recommendations", *The Journal of Physiology*, 598(13), pp. 2513-2530.

CASPERSEN, C. J.; POWELL, K. E. y CHRISTENSON, G. M. (1985): "Physical activity, exercise, and physical fitness: definitions and distinctions for health-related research", *Public Health Reports*, 100, pp. 126-131.

CHEKROUD, S. R. *et al.* (2018): "Association between physical exercise and mental health in 1·2 million individuals in the USA between 2011 and 2015: a cross-sectional study", *The Lancet Psychiatry*, 5(9), pp. 739-746.

CHEN, S. T. *et al.* (2020): "Accelerometer-measured daily steps and subjective cognitive ability in older adults: A two-year follow-up study", *Experimental Gerontology*, 133, p. 110874.

CHUEH, T. Y. *et al.* (2017): "Sports training enhances visuospatial cognition regardless of open-closed typology", *PeerJ*, 5, e3336.

CHUPEL, M. U. *et al.* (2017): "Strength Training Decreases Inflammation and Increases Cognition and Physical Fitness in Older Women with Cognitive Impairment", *Frontiers in Physiology*, 8(8), p. 377.

CORPAS, R. *et al.* (2019): "Peripheral maintenance of the axis SIRT1-SIRT3 at youth level may contribute to brain resilience in middle-aged amateur rugby players", *Frontiers in Aging Neuroscience*, 11, p. 352.

CORREIA, É. M. *et al.* (2024): "Analysis of the Effect of Different Physical Exercise Protocols on Depression in Adults: Systematic Review and Meta-analysis of Randomized Controlled Trials", *Sports Health*, 16, pp. 285-294.

DE CASTRO TOLEDO GUIMARAES, L. H. *et al.* (2008): "Physically active elderly women sleep more and better than sedentary women", *Sleep Medicine*, 9(5) pp. 488-493.

DE LA ROSA, A. *et al.* (2019): "Long-term exercise training improves memory in middle-aged men and modulates peripheral levels of BDNF and Cathepsin B", *Scientific Reports*, 9(1), p. 3337.

— (2022): "Physical Activity Levels and Psychological Well-Being during COVID-19 Lockdown among University Students and Employees", *International Journal of Environmental Research and Public Health*, 19(18), p. 11234.

DEANER, R. O. y SMITH, B. A. (2012): "Sex differences in sports across 50 societies", *Cross Cultural Research*, 47(3), pp. 268-309.

DEL POZO CRUZ, B. *et al.* (2022): "Association of Daily Step Count and Intensity With Incident Dementia in 78 430 Adults Living in the UK", *JAMA Neurology*, 79(10), pp. 1059-1063.

DIK, M. *et al.* (2003): "Early life physical activity and cognition at old age", *Journal of Clinical and Experimental Neuropsychology*, 25(5), pp. 643-653.

DUPONT, E. *et al.* (2005): "Effects of a 14-day period of hindpaw sensory restriction on mRNA and protein levels of NGF and BDNF in the hindpaw primary somatosensory cortex", *Brain research. Molecular brain research*, 133(1), pp. 78-86.

EKELUND, U. *et al.* (2016): "Does physical activity attenuate, or even eliminate, the detrimental association of sitting time with mortality? A harmonised meta-analysis of data from more than 1 million men and women", *The Lancet*, 388(10051), pp. 1302-1310.

ERICKSON, K. I. *et al.* (2011): "Exercise training increases size of hippocampus and improves memory", *Proceedings of the National Academy of Sciences*, 108(7), pp. 3017-3022.

ERICKSON, K. I.; HILLMAN, C. H. y KRAMER, A. F. (2015): "Physical activity, brain, and cognition", *Current Opinion in Behavioral Sciences*, 4, pp. 27-32.

ERMUTLU, N. *et al.* (2015): "Brain electrical activities of dancers and fast ball sports athletes are different", *Cognitive Neurodynamics*, 9(2), pp. 257-263.

EYME, K. M. *et al.* (2019): "Physically active life style is associated with increased grey matter brain volume in a medial parieto-frontal network", *Behavioural Brain Research*, 359, pp. 215-222.

FINE, C. *et al.* (2013): "Plasticity, plasticity, plasticity... and the rigid problem of sex", *Trends in Cognitive Science*, 17(11), pp. 550-551.

FIUZA-LUCES, C. *et al.* (2018): "Exercise benefits in cardiovascular disease: beyond attenuation of traditional risk factors", *Nature Reviews Cardiology*, 15(12), pp. 731-743.

FUSS, J. y GASS, P. (2010): "Endocannabinoids and voluntary activity in mice: runner's high and long-term consequences in emotional behaviors", *Experimental Neurology*, 224(1), pp. 103-105.

GARATACHEA, N. *et al.* (2015): "Exercise attenuates the major hallmarks of aging", *Rejuvenation Research*, 18(1), pp. 57-89.

GARCÍA-MESA, Y. *et al.* (2016): "Oxidative Stress is a Central Target for Physical Exercise Neuroprotection Against Pathological Brain Aging", *The journals of gerontology. Series A, Biological sciences and medical sciences*, 71(1), pp. 40-49.

GLEASON, P.T. y KIM, J. H. (2017): "Exercise and Competitive Sport: Physiology, Adaptations, and Uncertain Long-Term Risks", *Current Treatment Options in Cardiovascular Medicine*, 19(10), p. 79.

GRADARI, S. *et al.* (2016): "Can Exercise Make You Smarter, Happier, and Have More Neurons? A Hormetic Perspective", *Frontiers in Neuroscience*, 10, p. 93.

GRAHAM, R.; KREMER, J. y WHEELER, G. (2008): "Physical exercise and psychological well-being among people with chronic illness and disability: a grounded approach", *Journal of Health Psychology*, 13(4), pp. 447-458.

GREEN, D. J. y SMITH, K. J. (2018): "Effects of Exercise on Vascular Function, Structure, and Health in Humans", *Cold Spring Harbor Perspectives in Medicine*, 8(4), p. a029819.

GREENE, C.; LEE, H. y THURET, S. (2019): "In the Long Run: Physical Activity in Early Life and Cognitive Aging", *Frontiers in Neuroscience*, 13, p. 884.

GROOT, C. *et al.* (2016): "The effect of physical activity on cognitive function in patients with dementia: A metaanalysis of randomized control trials", *Ageing Research Reviews*, 25, pp. 13-23.

GUÍA OFICIAL DE PRÁCTICA CLÍNICA EN DEMENCIAS (2018): *Guías diagnósticas y terapéuticas de la Sociedad Española de Neurología*, Madrid.

GUTHOLD, R. *et al.* (2020): "Global trends in insufficient physical activity among adolescents: a pooled analysis of 298 population-based surveys with 1.6 million participants", *The Lancet Child & Adolescent Health*, 4(1), pp. 23-35.

HADGRAFT, N. T. *et al.* (2020): "Effects of sedentary behaviour interventions on biomarkers of cardiometabolic risk in adults: systematic review with meta-analyses", *British Journal of Sports Medicine*, 55(3), pp. 144-154.

HANDELSMAN, D. J.; HIRSCHBERG, A. L. y BERMON, S. (2018): "Circulating Testosterone as the Hormonal Basis of Sex Differences in Athletic Performance", *Endocrine Reviews*, 39(5), pp. 803-829.

HEALY, S. *et al.* (2018): "The effect of physical activity interventions on youth with autism spectrum disorder: A meta-analysis", *Autism Research*, 11(6), pp. 818-833.

HILLMAN, C. H.; ERICKSON, K. I. y KRAMER, A. F. (2008): "Be smart, exercise your heart: exercise effects on brain and cognition", *Nature Reviews Neuroscience*, (1), pp. 58-65.

HO, B. D. *et al.* (2024): "Associations between physical exercise type, fluid intelligence, executive function, and processing speed in the oldest-old (85 +)", *Geroscience*, 46(1), pp. 491-503.

HOLMEN OLOFSSON, G. *et al.* (2020): "Exercise Oncology and Immuno-Oncology; A (Future) Dynamic Duo", *International Journal of Molecular Sciences*, 21(11), p. 3816.

HUANG, X. *et al.* (2022): "Comparative efficacy of various exercise interventions on cognitive function in patients with mild cognitive impairment or dementia: A systematic review and network meta-analysis", *Journal of Sport and Health Science*, 1(2), pp. 212-223.

INOUE, K. *et al.* (2015): "Long-Term Mild, rather tan Intense, Exercise Enhances Adult Hippocampal Neurogenesis and

Greatly Changes the Transcriptomic Profile of the Hippocampus", *PLOS ONE*, 10(6), p. e0128720.

Iso-Markku, P. *et al.* (2020): "Twin studies on the association of physical activity with cognitive and cerebral outcomes", *Neuroscience & Biobehavioral Reviews*, 114, pp. 1-11.

Kalaria, R. N. *et al.* (2008): "World Federation of Neurology Dementia Research Group. Alzheimer's disease and vascular dementia in developing countries: prevalence, management, and risk factors", *The Lancet Neurology*, 7(9), pp. 812-826.

Katzmarzyk, P. T. *et al.* (2009): "Sitting time and mortality from all causes, cardiovascular disease, and cancer", *Medicine and Science in Sports and Exercise*, 41(5), pp. 998-1005.

Keener, A. B. (2016): "Tackling the brain: Clues emerge about the pathology of sports-related brain trauma", *Nature Medicine*, (4), pp. 326-329.

Kempermann, G. (2011): *Adult Neurogenesis 2*, Oxford, Oxford University Press.

Kim, H. K. *et al.* (2017): "All-Extremity Exercise Training Improves Arterial Stiffness in Older Adults", *Medicine and Science in Sports and Exercise*, 49(7), pp. 1404-1411.

Laina, A.; Stellos, K. y Stamatelopoulos, K. (2018): "Vascular ageing: Underlying mechanisms and clinical implications", *Experimental Gerontology*, 109, pp. 16-30.

Lee, A. T. *et al.* (2015): "Intensity and Types of Physical Exercise in Relation to Dementia Risk Reduction in Community-Living Older Adults", *Journal of the American Medical Directors Association*, 16(10), pp. 899.e1-899.e7.

Lee, I. M. *et al.* (2019): "Association of Step Volume and Intensity With All-Cause Mortality in Older Women", *JAMA Internal Medicine*, 179(8), pp. 1105-1112.

Lerche, S. *et al.* (2018): "Effect of physical activity on cognitive flexibility, depression and RBD in healthy elderly", *Clinical Neurology and Neurosurgery*, 165, pp. 88-93.

LI, J. *et al.* (2022): "The acute effects of physical exercise breaks on cognitive function during prolonged sitting: The first quantitative evidence", *Complementary Therapies in Clinical Practice*, 48, p. 101594.

LIEBENBERG, L. (2006): "Persistence Hunting by modern hunter-gatherers", *Current Anthropology*, 47(6), pp. 1017-1026.

LIU, Y. *et al.* (2020): "Short-term resistance exercise inhibits neuroinflammation and attenuates neuropathological changes in 3xTg Alzheimer's disease mice", *Journal of Neuroinflammation*, 17(1), p. 4.

LIVINGSTON, G. *et al.* (2017): "Dementia prevention, intervention, and care", *The Lancet*, 390(10113), pp. 2673-2734.

LLORENS-MARTÍN, M. (2018): "Exercising New Neurons to Vanquish Alzheimer Disease", *Brain Plasticity*, 4(1), pp. 111-126.

— (2019): "Adult-born neurons in brain circuitry", *Science*, 364(6440), p. 530.

LO BUE-ESTES, C. *et al.* (2008): "Short-term exercise to exhaustion and its effects on cognitive function in Young women", *Perceptual and Motor Skills*, 107(3), pp. 933-945.

LÓPEZ FARRÉ, A. *et al.* (2018): *Mens sana in corpore sano. Cerebro y Deporte*, Barcelona, EMSE EDAPP.

LÓPEZ-OTÍN, C. *et al.* (2013): "The hallmarks of aging", *Cell*, 153(6), pp. 1194-1217.

LOURIDA, I. *et al.* (2019): "Association of Lifestyle and Genetic Risk With Incidence of Dementia", *Journal of the American Medical Association*, 322(5), pp. 430-437.

LUCA, M. y LUCA, A. (2019): "Oxidative Stress-Related Endothelial Damage in Vascular Depression and Vascular Cognitive Impairment: Beneficial Effects of Aerobic Physical Exercise", *Oxidative Medicine and Cellular Longevity*, 2019, p. 8067045.

MATTSON, M. P. y ARUMUGAM, T. V. (2018): "Hallmarks of Brain Aging: Adaptive and Pathological Modification by Metabolic States", *Cell Metabolism*, 27(6), pp. 1176-1199.

McDowell, I. (2001): "Alzheimer's disease: insights from epidemiology, *Aging*, (3), pp. 143-162.

McEwen, B. S. (2001): "From molecules to mind. Stress, individual differences, and the social environment", *Annals of the New York Academy of Sciences*, 935, pp. 42-49.

McGreevy, K. R. *et al.* (2019): "Intergenerational transmission of the positive effects of physical exercise on brain and cognition", *Proceedings of the National Academy of Sciences*, 116(20), pp. 10103-10112.

Montine, T. J. *et al.* (2019): "Concepts for brain aging: resistance, resilience, reserve, and compensation", *Alzheimer's Research & Therapy*, 11(1) p. 22.

Moreno-Jiménez, E. P. *et al.* (2019): "Adult hippocampal neurogenesis is abundant in neurologically healthy subjects and drops sharply in patients with Alzheimer's disease", *Nature Medicine*, 25(4), pp. 554-560.

Murri, M. B. (2018): "Physical exercise for late-life depression: Effects on symptom dimensions and time course", *Journal of Affective Disorders*, 230, pp. 65-70.

Nakazawa, K. *et al.* (2020): "'Paralympic Brain'. Compensation and Reorganization of a Damaged Human Brain with Intensive Physical Training", *Sports (Basel)*, 8(4), p. 46.

Ngandu, T. *et al.* (2015): "A 2 year multidomain intervention of diet, exercise, cognitive training, and vascular risk monitoring versus control to prevent cognitive decline in atrisk elderly people (FINGER): a randomised controlled trial", *The Lancet*, 385(9984), pp. 2255-2263.

Nokia, M. S. *et al.* (2016): "Physical exercise increases adult hippocampal neurogenesis in male rats provided it is aerobic and sustained", *The Journal of Physiology*, 594(7), pp. 1855-1873.

Okamoto, M. *et al.* (2015): "Hormetic effects by exercise on hippocampal neurogenesis with glucocorticoid signaling", *Brain Plasticity*, 1(1), pp. 149-158.

OLANREWAJU, O. *et al.* (2020): "Sedentary behaviours, cognitive function, and possible mechanisms in older adults: a systematic review", *Aging Clinical and Experimental Research*, 32(6), pp. 969-984.

ORGANIZACIÓN MUNDIAL DE LA SALUD (2009): "Global health risks: mortality and burden of disease attributable to selected major risks", *World Health Organization*, disponible en https://bitly.ws/3erox.

— (2010): *Recomendaciones mundiales sobre actividad física para la salud*, Ginebra, Organización Mundial de la Salud.

— (2020): "Estrategia mundial sobre régimen alimentario, actividad física y salud. Inactividad física: un problema de salud pública mundial", disponible en https://bitly.ws/3eroI.

PAKKENBERG, B. *et al.* (2003): "Aging and the human neocortex", *Experimental Gerontology*, 38(1-2), pp. 95-99.

PETERSEN, R. C. *et al.* (2018): "Practice guideline update summary: Mild cognitive impairment: Report of the Guideline Development, Dissemination, and Implementation Subcommittee of the American Academy of Neurology", *Neurology*, 90(3), pp. 126-135.

PIERCY, K. L. *et al.* (2018): "The Physical Activity Guidelines for Americans", *Journal of the American Medical Association*, 320(19), pp. 2020-2028.

POGREBNOY, D. y DENNETT, A. (2020): "Exercise Programs Delivered According to Guidelines Improve Mobility in People With Stroke: A Systematic Review and Metaanalysis", *Archives of Physical Medicine and Rehabilitation*, 101(1), pp. 154-165.

PONTZER, H. (2019): "Humans Evolved to Exercise", *Scientific American*, 320(1), pp. 21-27 [véase traducción en *Investigación y Ciencia*, marzo de 2019].

RABIN, J. S. *et al.* (2019): "Associations of Physical Activity and β-Amyloid With Longitudinal Cognition and Neurodegeneration in Clinically Normal Older Adults", *JAMA Neurology*, 76(10), pp. 1203-1210.

RAICHLEN, D. A. (2022): "Leisure-time sedentary behaviors are differentially associated with all-cause dementia regardless of engagement in physical activity", *Proceedings of the National Academy of Sciences U.S.A.*, 119(35), p. e2206931119.

REA, I. M. *et al.* (2016): "Living long and ageing well: is epigenomics the missing link between nature and nurture?", *Biogerontology*, 17(1), pp. 33-54.

REVILLA, S. *et al.* (2014): "Physical exercise improves synaptic dysfunction and recovers the loss of survival factors in 3xTg-AD mouse brain", *Neuropharmacology*, 81, pp. 55-63.

REZAZADEH, M. *et al.* (2019): "Genetic discoveries and advances in late-onset Alzheimer's disease", *Journal of Cellular Physiology*, 234(10), pp. 16873-16884.

REZZANI, R.; FRANCO, C. y RODELLA, L. F. (2019): "Sex differences of brain and their implications for personalized therapy", *Pharmacological Research*, 141, pp. 429-442.

ROJER, A. G. M. *et al.* (2020): "Instrumented measures of sedentary behaviour and physical activity are associated with mortality in community-dwelling older adults: A systematic review, meta-analysis and meta-regression analysis", *Ageing Research Reviews*, 61, p. 101061.

ROVIO, S. *et al.* (2005): "Leisure-time physical activity at midlife and the risk of dementia and Alzheimer's disease", *The Lancet Neurology*, 4(11), pp. 705-711.

SCHNOHR, P. *et al.* (2021): "U-Shaped Association Between Duration of Sports Activities and Mortality: Copenhagen City Heart Study", *Mayo Clinic Proceedings*, 96(12), pp. 3012-3020.

SINGH, A. S. *et al.* (2018): "Effects of physical activity interventions on cognitive and academic performance in children and adolescents: a novel combination of a systematic review and recommendations from an expert panel", *British Journal of Sports Medicine*, 53(10), pp. 640-647.

SMITH, M. *et al.* (2016): "The effect of exercise intensity on cognitive performance during short duration treadmill running", *Journal of Human Kinetics*, 51, pp. 27-35.

SOCIEDAD ESPAÑOLA DE NEUROLOGÍA (2019): Nota de prensa con motivo del día mundial del Alzheimer, disponible en https://bitly.ws/3erpR.

SORRELLS, S. F. *et al.* (2018): "Human hippocampal neurogenesis drops sharply in children to undetectable levels in adults", *Nature*, 555(7696), pp. 377-381.

STERN, Y. y BARULLI, D. (2019): "Cognitive reserve", *Handbook of Clinical Neurology*, 167, pp. 181-190.

STUDENSKI, S. *et al.* (2011): "Gait speed and survival in older adults", *Journal of the American Medical Association*, 305(1), pp. 50-58.

TARUMI, T. y ZHANG, R. (2018): "Cerebral blood flow in normal aging adults: cardiovascular determinants, clinical implications, and aerobic fitness", *Journal of Neurochemistry*, 144(5), pp. 595-608.

THYFAULT, J. P. y BERGOUIGNAN, A. (2020): "Exercise and Metabolic Health: Beyond Skeletal Muscle", *Diabetología*, 63(8), pp. 1464-1474.

TOMPOROWSKI, P. D.; ELLIS, N. R. y STEPHENS, R. (1987): "The immediate effects of strenuous exercise on free-recall memory", *Ergonomics*, 30(1), pp. 121-129.

TSE, K. H. y HERRUP, K. (2017): "DNA damage in the oligodendrocyte lineage and its role in brain aging", *Mechanisms of Ageing and Development*, 161(pt A), pp. 37-50.

VAN PRAAG, H. *et al.* (2014): "Exercise, energy intake, glucose homeostasis, and the brain", *Journal of Neuroscience*, 34(46), pp. 15139-15149.

VERBURGH, L. *et al.* (2014): "Executive functioning in highly talented soccer players", *PLOS ONE*, 9(3), p. e91254.

VOLAKLIS, K.; MAMADJANOV, T. y MEISINGER, C. (2020): "Sedentary behavior and kidney function in adults: a narrative review", *Wien Klin Wochenschr*, 133(3-4), pp. 144-152.

WATKINS, B. A. (2018): "Endocannabinoids, exercise, pain, and a path to health with aging", *Molecular Aspects of Medicine*, 64, pp. 68-78.

WESTFALL, D. R. *et al.* (2018): "Associations Between Aerobic Fitness and Cognitive Control in Adolescents", *Frontiers in Psychology*, 9, p. 1298.

WHITTY, E. *et al.* (2020): "Efficacy of lifestyle and psychosocial interventions in reducing cognitive decline in older people: systematic review", *Ageing Research Reviews*, 62, p. 101113.

WHYTE, E. F. *et al.* (2015): "Effect of a High-Intensity, Intermittent-Exercise Protocol on Neurocognitive Function in Healthy Adults: Implications for Returnto-Play Management After Sport-Related Concussion", *Journal of Sport Rehabilitation*, 24(4), pp. 2014-0201.

WORLD ALZHEIMER REPORT (2015): *The Global impact of dementia. Alzheimer's disease international,* disponible en https://bitly.ws/3errc [en español: *Informe mundial sobre el Alzheimer 2015*, https://bitly.ws/3erre].

YAN, S. *et al.* (2020): "Association between sedentary behavior and the risk of dementia: a systematic review and meta-analysis", *Translational Psychiatry*, 10(1), p. 112.

YARROW, K.; BROWN, P. y KRAKAUER, J. W. (2009): "Inside the brain of an elite athlete: the neural processes that support high achievement in sports", *Nature Reviews Neuroscience*, 10(8), pp. 585-596.

ZHANG, L. y SO, K. F. (2019): "Exercise, spinogenesis and cognitive functions", *International Review of Neurobiology*, 147, pp. 323-360.

ZIEGLER, D. A. *et al.* (2010): "Cognition in healthy aging is related to regional white matter integrity, but not cortical thickness", *Neurobiology of Aging*, 31(11), pp. 1912-1926.

Títulos de la colección
¿Qué sabemos de?